吸波材料应用技术

建筑用吸波材料的制备及性能研究

刘渊　孙善政　李茸　著

化学工业出版社

·北京·

内容简介

《建筑用吸波材料的制备及性能研究》全面且系统地介绍了吸波材料的应用背景及意义、研究进展、基础理论和材料特性、制备及表征方法等，并详细阐述了碳纤维、铁氧体、羰基铁吸波混凝土材料和聚氨酯基泡沫吸波材料等建筑常用吸波材料的性能研究，分析了各类吸波材料吸波性能的影响机理及规律。

《建筑用吸波材料的制备及性能研究》适用于从事新型建筑材料研究和应用的科研技术人员和管理人员，也可以作为高等学校、科研院所的相关专业教学参考书。

图书在版编目（CIP）数据

建筑用吸波材料的制备及性能研究 / 刘渊，孙善政，李茸著. -- 北京：化学工业出版社，2025. 8. --（吸波材料应用技术）. -- ISBN 978-7-122-48202-0

Ⅰ. TB34

中国国家版本馆 CIP 数据核字第 2025C9H714 号

责任编辑：丁建华　　文字编辑：范伟鑫
责任校对：田睿涵　　装帧设计：关　飞

出版发行：化学工业出版社
（北京市东城区青年湖南街 13 号　邮政编码 100011）
印　　装：北京盛通数码印刷有限公司
710mm×1000mm　1/16　印张 10¼　字数 166 千字
2025 年 9 月北京第 1 版第 1 次印刷

购书咨询：010-64518888　　售后服务：010-64518899
网　　址：http://www.cip.com.cn
凡购买本书，如有缺损质量问题，本社销售中心负责调换。

定　　价：98.00 元

前　言

随着现代无线通信技术的迅猛发展，电磁波在为我们带来便利的同时，也带来了日益严重的电磁污染问题。建筑作为人类活动的主要场所，其电磁环境质量直接影响着人们的健康和生活质量。因此，开发和应用具有优异吸波性能的建筑材料，对于构建绿色、健康的电磁环境具有重要意义。

本书聚焦于建筑用吸波材料的制备及性能研究，介绍了碳纤维吸波混凝土、铁氧体吸波混凝土、羰基铁吸波混凝土及聚氨酯基泡沫吸波材料等四类具有代表性的建筑用吸波材料。本书内容涵盖了材料组成设计、制备工艺、结构表征、吸波机理、性能优化及工程应用等方面，力求全面、系统地反映该领域的最新研究成果和发展趋势。

本书由刘渊、孙善政及李茸共同撰写，其中刘渊负责碳纤维吸波混凝土和铁氧体吸波混凝土部分的撰写，孙善政负责羰基铁吸波混凝土部分的撰写以及全书的统稿工作，李茸负责聚氨酯基泡沫吸波材料部分的撰写。冯千里、关云腾、万火龙等学生为本书的撰写做了许多文献查阅、素材收集及试验总结等工作，在此一并致谢。

本书适用于从事新型建筑材料研究和应用的科研技术人员和管理人员，也可以作为高等学校、科研院所的相关专业教学参考书。

由于作者水平所限，书中难免存在不足之处，敬请广大读者批评指正。

著者

2025 年 3 月 19 日

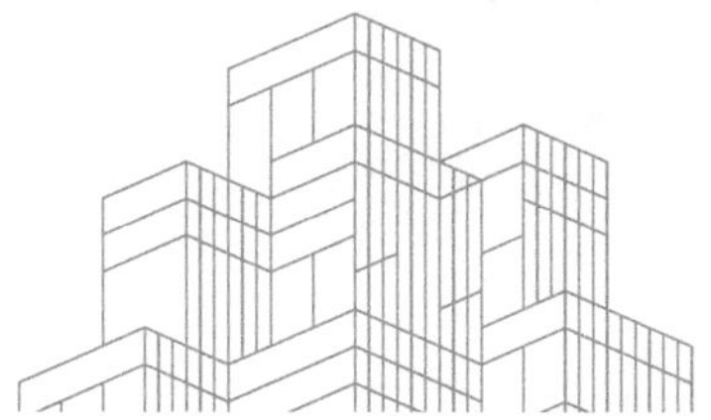

目 录

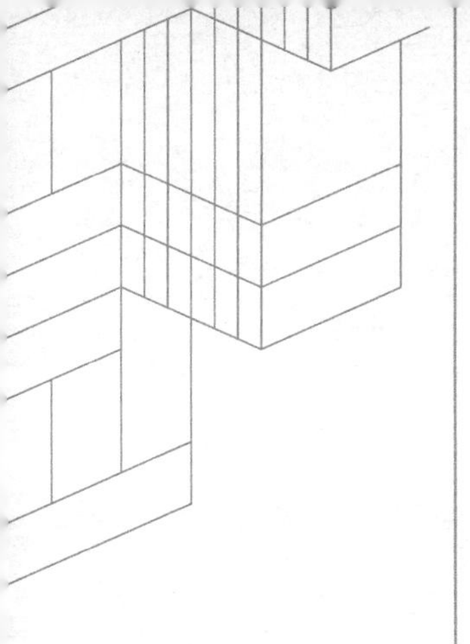

第一章

绪　论

第一节 吸波材料的应用背景及意义

雷达可以利用电磁波（EMW）对远程目标实施探测、跟踪与识别，自第二次世界大战以来就在各种军事活动中扮演着举足轻重的角色。在雷达探测技术日益飞速发展的同时，也催生了为保护特定目标减少或避免被雷达探测到的雷达隐身技术，其对保存己方战斗力、提高对敌杀伤力都起着至关重要的作用，关乎军事命脉和国家安危。世界各国将雷达隐身技术作为重要的发展对象进行了广泛研究和探索[1-3]，逐渐形成了以外形隐身和材料隐身为主体的两大研究方向。从科学研究和实际应用情况来看，后者的技术发展相对成熟、价格相对低廉、便于实际操作，因而较为适于武器装备应用[4]。但材料隐身技术的核心——吸波材料仍然难以实现“厚度薄（薄）、密度低（轻）、吸收频带宽（宽）、吸收强度大（强）”的要求，相关研究工作仍然任重而道远。

此外，随着现代电子信息技术的高速发展，其在造福人类的同时，也产生了逐渐引人注意的电磁污染，其对人体的侵害和设备的干扰广泛见诸报端[5,6]，成为继噪声、大气污染和水污染之后又一亟待解决的突出问题。吸波材料是解决此问题的有效途径之一，部分产品已应用于实际的生产生活中，但是吸收频带窄、吸收强度低、材料重量大仍然是制约其发展的突出问题。

综上，吸波材料无论是在军事还是日常生产生活方面都有着重要应用，相关研究方兴未艾，但是目前的成果仍难以满足人们对其日益提高的要求，开展相关研究有着十足的必要性。

第二节
吸波材料基体的研究进展

吸波材料通常是由吸收剂（吸波剂）和基体两个主体部分组成的，有时为调节吸收剂在基体中的分布状态或是改善吸波材料的其他性能，还会添加诸如分散剂、悬浮剂等其他助剂。

吸收剂在吸波材料中主要扮演着吸收电磁波的角色，自吸波材料诞生伊始就是研究的重点和热点，科研人员对其进行了大量富有成效的研究[7-9]，相继研发的吸收剂有炭黑（carbon black，CB）、石墨、金属微粉、铁氧体、羰基铁（carbonyl iron particle，CIP）、导电高分子材料、手性材料等，为提高吸波材料的吸波性能（吸收性能）做出了重要贡献。但是，为取得良好的吸收效果，仅仅依靠提高吸收剂的吸波性能是远远不够的。因为要实现对电磁波的有效吸收，需要同时满足两个必不可少的条件[10]：一是使电磁波能够尽可能多地进入到吸波材料内部，减少其在表面的反射，并为电磁波的传播提供“通道”，即所谓的匹配特性；二是实现吸收剂对电磁波的高效吸收，通过各种有效的吸波作用（诸如磁滞损耗、自然共振等）使电磁波转化为热能或其他形式的能量损耗掉，即损耗特性。因此，匹配特性是取得良好吸收效果的先决条件，而调节基体是实现阻抗匹配的有效途径之一，故而选用良好的材料作为吸波材料的基体有着十分重要的意义。

吸波材料基体按照成型工艺和承载能力通常可以划分为涂覆型、贴片型、泡沫型、结构型四大类[11]。当然，这种划分并不绝对，例如泡沫型吸波材料通常可以作为夹层式结构型吸波材料中的夹层使用，而贴片型吸波材料亦可划归到涂覆型中。故非结构型基体材料通常可以简化为涂覆型和泡沫型两种，如图 1.1 所示。

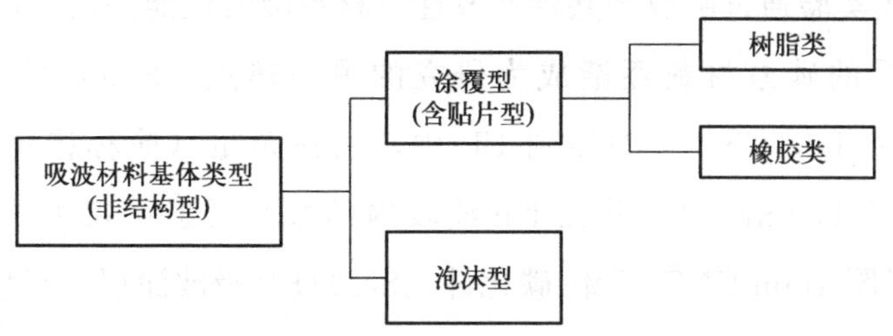

图 1.1　吸波材料基体类型（非结构型）图

一、涂覆型吸波材料基体

涂覆型吸波材料基体可以实现“在线式”制备及修复，这是其他类型吸波材料基体所不具备的突出特点。其通常是采用涂料的形式将吸收剂与基料混合，吸波材料最终成膜附着于目标物上面。同时，为保证使用过程中吸波材料能够稳定成膜达到使用要求，还要考虑到涂料的流变性以及吸收剂在涂料中的沉降性、分散性等问题，故通常除基料和吸收剂外还会添加一定量的诸如偶联剂、防沉降剂在内的其他助剂。为保证固化后的漆膜能够牢固地附着于目标物上，基料通常为树脂类或是橡胶类的胶黏剂。常用的树脂基体为环氧树脂、聚氨酯树脂等，橡胶类基体为天然橡胶、氯丁橡胶等。本书将贴片型吸波材料视为涂覆型的一种，一并进行介绍。

1. 环氧树脂基吸波涂层

环氧树脂（epoxy resin，EP）内由于含有羟基和醚键等极性基团，故而对各种极性物质具有很好的黏附力，其同时具有收缩性小、力学性能优良的特性，是一种广泛使用的吸波材料基体[12-15]。

单层结构是 EP 吸波材料最常见的形式。Zhang[16] 将 $SrFe_{12}O_{19}$ [40%，质量分数（下同）]、$FeNi_3$（20%）共混，制备了厚 1.5mm 的 EP 涂层。其在 7.9GHz 处取得 −24.8dB 的最小反射率，有效带宽（<−10dB）达到 3.2GHz。谢昌江[17] 将纳米 Fe 改性制备成为核壳型 Fe@C，使得材料的最小反射率由单纯 Fe 填充时的−12.4dB 降低到−29.2dB，即吸波性能提高。

虽然上述实验通过吸收剂共混或改性将材料吸波性能提高，但材料的重量较大，故轻质的碳系材料逐渐成为研究的另一热点。Singh[18] 将碳纳米管（carbon nanotube，CNT）添加到 EP 中，当掺杂量（简称掺量）达到最高 0.5%、厚度为 2.5mm 时，其在 Ku 波段内的最小反射率仅为－16dB。陈兆晨[19] 制备了厚 4mm CNT-纤维-碳化硅（SiC）/EP 吸波涂层。当填充量为 4% SiC 和 12%CNT 时，材料取得最优值，有效带宽达到了 7.04GHz，最小反射率为－27.36dB，但材料的制备过程中需要满足的固化条件相对严苛。

由于缺乏良好的阻抗匹配，上述提到的单层结构吸波材料往往难以满足“宽、强”要求，双层乃至多层结构的设计方式便引起了研究人员的兴趣。Liu[20] 分别以 CIP（羰基铁粉）、$CoFe_2O_4$ 为吸收层（厚 0.5mm）和匹配层（厚 2.4mm）吸收剂，制备了双层 EP 吸波涂层，其取得了有效带宽达到 9.4GHz 的吸收效果。张政权[21] 以乙炔炭黑-碳纤维-EP 为吸收层（3mm）、玻璃纤维-EP 为透波层（3mm），利用压制法制备了双层吸波材料。当 CB 含量为 8% 时，材料出现了双峰吸收（－14.9dB、－17dB），有效带宽达到了 6.7GHz。

应注意到环氧树脂虽然优点甚多，但其对结晶性或极性小的聚合物仍然存在粘接力差，抗剥离、抗开裂、抗冲击性和韧性不良以及耐候性较差的缺点，在一定程度上限制了它的应用[22]。

2. 聚氨酯树脂基吸波涂层

聚氨酯（polyurethane，PU）胶黏剂通常具有较好的抗剥离强度和耐震性能，且对酸碱、溶剂等有一定抗耐作用。此外，其优良的耐老化、耐低温性能是其他胶黏剂所不能相比的[23]，因此聚氨酯也被广泛用作成膜材料，作为吸波材料的基体使用[24-26]。

单一吸收剂制备的聚氨酯树脂基吸波涂层的吸波性能通常并不理想，采用吸收剂改性后性能会有所提高，如安维等[27] 制备的以纳米薄片状 FeSiAlCr 为吸收剂的 2mm PU 薄膜、A. Bhattacharyya 等[28] 以表面负载 FeNi 的纳米级石墨为吸收剂制备的 PU 涂层，但吸收剂的重量通常较大或是制备的过程相对复杂，过程耗时太长，不适宜实际应用。

Li等[29]以CB与CIP（质量比3.2∶1）混合制备吸波材料，取得了最小反射率为－20.6dB、有效带宽为3.6GHz的相对最优吸波性能，较单纯填充CB或CIP时吸波性能好。Swati Chopra[30]使用磁损耗钡铁氧体和电损耗钛酸钡作为吸收剂制备了低掺杂（3%）的PU薄膜。吸收剂的均匀分布和纳米材料的特殊性能使得材料的热性能和力学性能得到了提高，但其吸波性能并不理想，最小反射率仅为－11dB，有效带宽不足0.5GHz。冀鑫炜[31]以石墨和CIP为主要吸收剂，添加Co粉末，采用分层喷涂方式制备了多层PU吸波材料，其有效带宽达到5.45GHz。虽然吸收剂的梯度分布确保了材料良好的匹配特性，但仅一层薄膜的喷涂制备时间就达到了9h以上，难以实现快速制备。

复合功能是聚氨酯树脂基吸波涂层发展的一个重要方向。陈砚朋[32]制备了同时具有红外和雷达吸波性能的PU吸波涂层，但是两者难以同时取得良好效果。

3. 橡胶类吸波涂层

弹性好、黏附性好的橡胶能方便地加工裁剪成不同的形状，可以安放在难以处理的腔体内部，亦可制备成结构较为复杂器件的吸波涂层[33]，是另一种常用的吸波材料基体[34-37]。

Vijutha Sunny等[38]选用三种不同类型的天然橡胶作为吸波材料基体，在吸收剂填充量相同的条件下对试样的电磁参数和吸波性能进行了研究。实验结果表明，材料的吸波性能与基体有密不可分的联系。Cheng[39]将传统的单层吸波材料优化为双层结构，使得其有效带宽拓宽了1.86倍，但是吸收频带仅限于低频，使用范围受到限制。Xu[40]的研究表明，将CIP和石墨共混制备硅橡胶吸波材料时，材料的复介电常数和电导率上升，厚度为1.5mm和2mm时的最小反射率分别为－11.85dB和－15.02dB，但是材料的良好吸波性能仅表现在L波段。

王志强[41]以CNT为吸收剂、三元乙丙橡胶为基体制备了厚2mm的吸波材料，但当吸收剂的填充量为30%时，得到的最小反射率不足－10dB，且吸收频带较窄。段海平[42]以硅橡胶为基体材料，制备了厚度为4mm的CIP-CB吸波材料。当固定CIP填充量为50质量份时，吸波性能随着炭黑含量增加而增强，最小反射率为−20.7dB（6GHz），但此时炭黑用量达到了70质量份。

除对吸收剂进行优选、改性之外，许多研究还考察了制备过程中配方和工艺等因素对材料吸波性能的影响。李淑环等[43] 的实验证明了偶联剂A151对锶铁氧体-甲基乙烯基硅橡胶吸波复合材料的力学性能影响显著，对吸波性能影响甚微。

二、泡沫型吸波材料基体

泡沫型是吸波材料基体的另外一种常见形式，因其多孔特性，除吸收剂对微波产生的吸收外，还可利用电磁波在基体中的不断反射、散射等增加吸收和损耗[44]。此外，轻质、耐候等特性也使得其成为研究的热点。泡沫型吸波材料的基体有树脂[45]、金属[46]、碳泡沫[47] 等，其中，便于加工的树脂是常用的基体材料。

Liu[48] 制备了以CNT为吸收剂的马来酰亚胺泡沫。实验结果证明，辊压的分散方式可以将CNT较为均匀地分散到基体中，减少团聚，应用此种方法时材料吸波性能最佳。12～18GHz频段内，厚度为30mm的泡沫型吸波材料实现了超过3GHz带宽的反射率低于−8dB，最小反射率为−14.2dB（14.6GHz）。Ahmed等[49] 以石墨为吸收剂制备了厚度1.3cm、浓度5%～40%的软质聚氨酯基泡沫吸波材料。X波段的测试结果表明石墨的添加量为5%时，材料取得了最佳吸收效果，最小反射率达到了−30dB(10GHz)。

燕子等[50] 将CNT加入到聚甲基丙烯酰亚胺（PMI）中，限于体系黏度和工艺，CNT最大填充量为5%，此时厚20mm的泡沫吸波材料的最小反射率为−15.23dB，但有效吸收带宽不足2GHz，且添加CNT后材料力学性能下降。马科峰等[51] 的实验证明随着吸收剂填充量的增加，材料吸波性能增强，但过量吸收剂CB的加入会使得PMI聚合和发泡产生困难，厚20mm、填充量5%的PMI最小反射率为−4.14dB。

通过对上述文献的研究不难发现，在吸波材料的研究中采用对吸收剂进行改性（如表面包覆、组分调整、稀土掺杂等）或是吸收剂共混、分层制备等方式均可以在一定程度上提高材料对电磁波的吸收效能，但是其制备过程通常较为复杂或仅处于实验室内的试验阶段，且制备的材料往往忽视了基体材料对电磁波的作用。泡沫型吸波材料充分利用了其独特的孔结构，可以通过控制材料的孔隙率、泡孔的厚度等实现对吸波材料电磁参数的调整，从而实现材料良好的匹配特性，具有十分良好的应用前景。其中，聚氨酯基泡沫材料由于其良好的性能和成熟的发泡技术有望成为研究的重点。

第三节
水泥基复合吸波材料的研究现状

为了解决民用和军用领域电磁防护的问题，许多研究人员利用水泥基材料使用广泛、价格低廉、制备简单等优点，将具有吸波性能的功能材料（吸波剂）与之复合，得到了一类新型水泥基复合吸波材料（吸波混凝土）。常见的吸波剂主要有磁性吸波剂和导电性吸波剂两种。

添加到水泥基材料中的导电性吸波剂多为碳纤维。碳纤维是一种常见的导电型吸波剂，这种吸波材料具有良好的导电性能，掺入水泥基材料中可形成导电网络，在电磁场作用下产生磁感电流，并转化为热能被消耗，从而达到吸收电磁波的目的。碳纤维作为吸波材料经过改性处理，掺入水泥基材料中具有良好的吸波性能，碳纤维吸波机理主要有两个方面：①碳纤维在磁场中可看作谐振子，当入射的雷达波的半波长与碳纤维长度接近时，发生谐振感应，从而消耗大量雷达波能量；②电磁波在碳纤维表面产生涡流，随着电磁波频率的增加，涡流产生的热能增多，将电能转换为热能被耗散掉，从而达到吸波的目的。

添加到水泥基材料中的磁性吸波剂主要为铁氧体与磁性微粉两种。查阅大量文献可知，早期科研人员采用材料复合的方法，在水泥基体中加入磁性吸波剂制备出磁性混凝土材料，研究复合材料在 2～18GHz 典型波段内的反射率值以及相应的带宽范围，分析出吸波剂掺量、水泥基中胶凝材料以及水泥基表面粗糙程度对复合材料吸波性能的影响，并且对改性后的混凝土进行相应的力学性能试验，以此制备出一种具有较好吸波和力学性能的混凝土材料。其中典型波段如图 1.2 所示，S 波段（2～4GHz），C 波段（4～8GHz），X 波段（8～12GHz），Ku 波段（12～18GHz）。

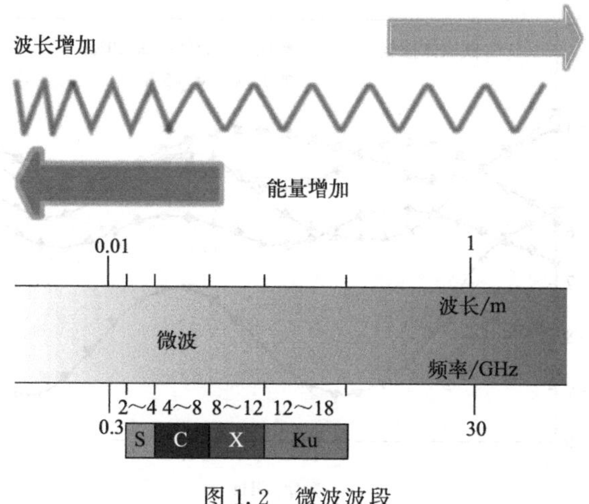

图 1.2　微波波段

一、铁氧体-水泥基复合吸波材料

在尖晶石型铁氧体-水泥基复合吸波材料的研究中，由于尖晶石型铁氧体的研究较为成熟[52,53]，所以其最早应用于水泥基中。早期科研人员开展了许多试验，制备了一种掺 30%锰锌铁氧体（质量分数，下同）的水泥基复合材料，该材料在 8～18GHz 波段内的反射率在－6～－10dB 之间，符合民用领域吸波建材的标准[54]。熊国宣等人也制备了类似材料，如图 1.3 所示，掺 35%铁氧体的水泥基复合材料反射率小于－6dB 的带宽为 4.5GHz，最小反射率达－10.5dB[55]。此外，在铁氧体表面掺杂膨胀珍珠岩有助于改善水泥基材料的吸波特性，掺 15%Ni-Zn 的水泥基复合材料反射率均小于－10dB 的带宽达 10GHz[56]。

焦隽隽等人发现还原铁粉（主要原料为 Fe_3O_4）也可改善混凝土材料的吸波性能，当混凝土板厚度为 20mm 时，试样在 2～10GHz 波段具有较好的吸波性能，这是由于制成的还原铁粉呈粉末状，具有结构疏松的特点，有利于其与水泥基材料充分融合，并且使材料的电导率增大，从而降低了材料阻抗[57]。其他研究人员制备了硫氧镁泡沫水泥吸波材料，掺 45%的铁尾矿粉水泥基复合吸波材料在 2～18GHz 内反射率均小于－10dB，实现典型波段的全覆盖[58]。

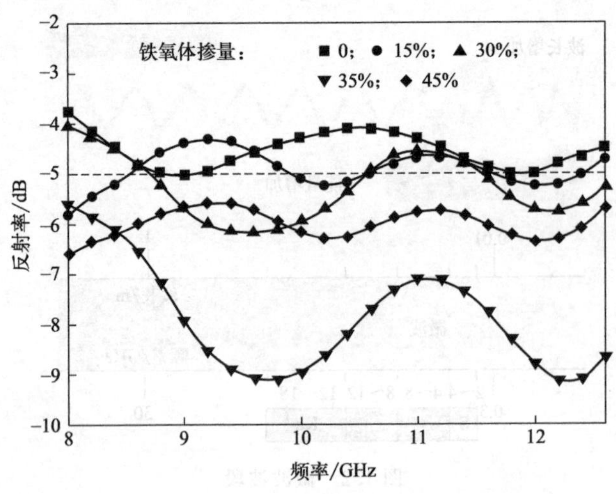

图 1.3 铁氧体掺量对试样反射率的影响

在磁铅石型铁氧体-水泥基复合吸波材料的研究中，磁铅石型铁氧体属于六角晶系，其片状构造是吸波剂的最佳形态[59]。许卫东等人制备六角铁氧体复合混凝土材料，掺37%铁氧体、厚度为3mm的水泥基在8～12GHz波段内反射率在－7dB和－15dB之间[60]。其他研究人员得出类似结论，掺35%W型$BaCo_2Fe_{16}O_{27}$六角铁氧体复合材料在14.3GHz处的反射率为－8.7dB[61]。

上述Mn-Zn铁氧体、Ni-Zn铁氧体和钡铁氧体粒径大小均为微米级，掺入基体后，水泥基复合吸波材料表现出相似的吸波性能，共同存在有效带宽窄、吸波剂掺量较高的缺点[62]。因此研究者们更青睐选择粒径较小的纳米铁氧体进行改性处理，相比千兆赫电磁波的波长，纳米材料的尺寸较小，使电磁波更易进入其内部[63]。此外，纳米铁氧体水泥基吸波材料相比微米级而言有效带宽更宽，所需掺入量更少，有效节约了材料成本。He[63]等人将5%纳米Fe_3O_4加到水泥中，如图1.4所示，纳米Fe_3O_4在水泥浆体中分散性较好，有利于提高材料吸收EMW的性能，反射率低于－10dB和低于－15dB的带宽分别约为9.5GHz和6.3GHz。

其他科研人员也进行了类似的研究。在制备双层水泥基复合吸波材料中，掺7%纳米铁氧体的水泥基复合吸波材料反射率小于－10dB的带宽为10GHz，在18GHz处的反射率达到－15.1dB[64]。在厚度为20mm的水泥板中掺入

图 1.4 纳米 Fe_3O_4 硬化水泥浆体 3 日龄时的 Fe 元素分布图像

1.83%的钡铁氧体，反射率小于－10dB 的带宽超过 6GHz，最小值为－16.78dB[65]。

二、金属微粉水泥基吸波材料

金属微粉具有磁各向异性大、矫顽力高、化学性能稳定等优点，掺入金属微粉可使复合材料的磁损耗增大[65,66]。金属微粉也可以通过自身高电阻能够有效地降低涡流效应所带来的影响，减少因趋肤效应所带来的不良后果[67,68]。王振军[69] 等人制备出羰基铁粉水泥基复合吸波材料，该材料在 12～18GHz 波段内最小反射率为－11.9dB，且反射率低于－10dB 的带宽为 7.3GHz，由于羰基铁粉在低频率段吸波性能较差，通常和碳纤维双掺与水泥基进行复合。梅超[70] 选用金属铜粉、镍粉和膨胀珍珠岩作为吸波剂添加至碱激发混凝土中，当镍包铜粉的掺量为 20%时，10GHz 处反射率为－33.5dB。

三、碳纤维吸波混凝土

Li[71] 等人在混凝土中加入了不同掺量的碳纤维以制备改性碳纤维混凝土，其中碳纤维掺量为 0.4%（体积分数），厚度为 10mm 的试样，能够较好吸收 8～18GHz 电磁波，电磁波最小反射率可达－19.6dB，但反射率≤－10dB 的吸波带宽仅为 2GHz。

欧进萍[72] 等人在水泥砂浆中掺杂碳纤维发现，碳纤维的掺入可以有效提高混凝土材料对高频电磁波的损耗，水泥砂浆吸波性能的主要影响因素是碳纤维的长度和体积掺量。

王闯[73] 等人通过研究短切碳纤维对水泥基复合吸波材料吸波性能的影响，发现水泥基复合吸波材料中的碳纤维掺量存在阈值，水泥基材料中过多地掺入碳纤维，则会引起电磁波的反射，导致改性混凝土的吸波性能降低。

谢炜[74] 等人改变碳纤维掺杂量（以体积分数计）和混凝土厚度发现，增大掺量或厚度时，吸波反射率峰位向低频移动，低频吸波性能得到改善。吸波材料中碳纤维掺杂量的增加会导致其电阻率增加，从而降低其电磁反射率，但掺杂量增加到一定量时，电阻率过大会导致材料表面阻抗难以匹配，反而导致其吸波性能的降低。

国爱丽[75] 等人研究碳纤维掺量对混凝土吸波性能的影响时发现，当电磁波在 S～C 波段时，不论碳纤维掺量多少，混凝土的电磁波反射率都不低于－10dB，因此碳纤维水泥基复合吸波材料在 S～C 段的吸波效果不明显（图 1.5）。当雷达波在 X～Ku 段时，碳纤维水泥基复合吸波材料在 12～18GHz 波段有较好的吸波效果，带宽为 6GHz，最小反射率都出现在 15GHz 左右。

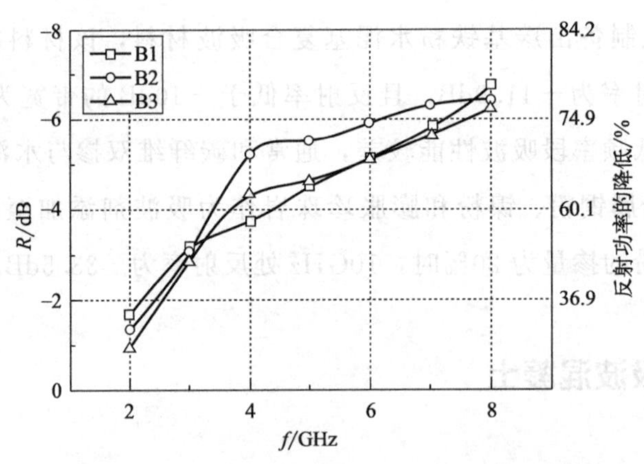

图 1.5　不同碳纤维掺量下混凝土对 S～C 段的电磁波反射率

B1—碳纤维掺量 0.1%；B2—碳纤维掺量 0.3%；B3—碳纤维掺量 1%

导电通道学说认为[76]，导电粒子相互接触形成链状导电网络，使复合材料导电。当复合材料处于磁场中时，材料表面产生涡流，将电磁能转化为电能，最后以热能的形式耗散。

碳纤维作为吸波剂，本身具有良好的导电性能，但在碳纤维掺量一定的情况下，碳纤维难以在水泥基复合吸波材料中形成导电网络，碳纤维在S～C电磁波段的电磁波反射率都不低于－10dB，吸波效果较差；另一种吸波材料——铁氧体，也受到广泛研究，其具有应用成熟、吸波效果佳等优点，但其密度较高，作为吸波剂掺入混凝土中存在一定问题。此外，铁氧体具有在12～18GHz高频波段内的反射率低于－10dB的吸波频带较窄、高温特性较差等缺点[77]。因此，在实际使用中一般采用复合型吸波材料。

单掺吸波材料存在传统吸波材料的缺点，吸波剂本身密度较大、热稳定性较差、混凝土包裹是否紧密等各种因素都会影响碳纤维混凝土（CFRC）的吸波性能，因此单独的掺杂碳纤维不能很好满足军事领域对电磁防护材料的要求，因此双掺复合吸波材料得到了广泛的研究。

四、双掺水泥基复合吸波材料

磁性吸波剂与导电型吸波剂共同掺入后，复合材料对EMW具有磁吸收和电损耗效应，使原有材料的吸收缺陷得以改善，可实现多波段吸收[76]。在水泥基复合吸波材料中，常见的有：铁氧体与碳纤维[77]、铁氧体与石墨烯[78]、铁氧体与石墨[79]；还有羰基铁和碳纤维双掺[80]、铁氧体与铁氧体（2种类型）双掺[81] 也是比较常见的类型。本书根据已有的双掺水泥基复合吸波材料研究，选择锶铁氧体与石墨双掺进行试验。

碳纤维和铁氧体在吸波性能上存在互补的优势[82]。铁氧体-碳纤维双掺水泥基后，试样反射率小于－10dB的带宽大于3.5GHz[77]。石墨烯（GR）单独使用时阻抗匹配性较差，吸波性能不理想，纳米Fe_3O_4掺入后使得水泥试样既具有介电损耗又具有磁损耗。袁迪通过在水泥基体中复掺石墨烯（GR）和纳米四氧化三铁（Fe_3O_4）吸波剂。在0～3GHz波段内，加入0.03%（质量分数）GR后，10%（质量分数）Fe_3O_4试样的反射率由－7.89dB提升到

−27.52dB，吸波性能有了明显提高[81]。某专利[80] 制备了碳纤维-羰基铁复合吸波混凝土，最小反射率达−20.7dB，反射率小于−10dB 的带宽达 10.1GHz。另有专利[83] 制备了双层水泥基复合吸波材料，其中选择纳米铁氧体作为表面吸收剂，充分利用了其空间阻抗匹配性能好的特性，所制备的双层水泥基复合吸波材料在 C 波段实现反射率小于−10dB 的全覆盖。在铁氧体-石墨水泥基复合吸波材料的研究中，通过改变铁氧体和石墨的掺量，双掺后复合材料最小反射率可达−32dB，吸波性能高于单掺吸波材料。张秀芝等人将 2 种铁氧体掺入水泥基材料，制备的水泥板的最小反射率为−16dB，在 X 波段和 Ku 波段反射率均小于−10dB[81]。

第四节 聚氨酯基泡沫吸波材料的研究进展

聚氨酯泡沫塑料是以异氰酸酯和多元醇为主料，添加水或低沸点物质为发泡剂，辅以其他助剂制成的具有泡孔结构的高分子材料。聚氨酯基泡沫吸波材料通常可以根据基体类型分为软质聚氨酯基泡沫吸波材料和硬质聚氨酯基泡沫吸波材料两类。前者采用"发泡→切割→浸渍→烘干"的方法制备成品，后者将吸波剂加入到硬质聚氨酯泡沫反应体系，通过发泡制成，且可根据不同使用要求，通过改变配方、调整原料制成不同密度、硬度、耐热性能、阻燃性能的硬质泡沫制品[84]。下面，以吸收剂-聚氨酯基泡沫吸波材料的形式对其研究进展进行综述。

一、碳系吸收剂-聚氨酯基泡沫吸波材料

碳系材料因具有质轻、电导率高等突出特点而成为广泛应用的聚氨酯基泡沫吸波材料吸收剂。常用的碳材料包括碳纤维、碳纳米管、炭黑以及石墨等。

碳纤维是由有机纤维或低分子烃气体加热而成的纤维碳材料，主要通过电损耗和电磁波在纤维之间的散射以衰减入射电磁波[85]。但纤维轴向和法向极性相差很大，不易得到性能均匀的材料[86]。常通过改变碳纤维的种类、横截面积[87] 或是将碳纤维进行表面改性，使其表面沉积一层磁性金属微粉[88] 以改善性能。Yu 等[89] 通过调整纤维直径和掺杂量制备出轻质、性能可控的聚氨酯基泡沫吸波材料。试样在 8～18GHz、26～40GHz、75～110GHz 处均有不同程度的吸波效果。厚 3.5mm 试样的反射率小于－10dB 的带宽为 3GHz，而此时的密度不到 $0.8g/cm^3$。丁文皓等[90] 的研究表明，在一定范围内，增大掺杂短切碳纤维的电导率可使聚氨酯泡沫塑料对电磁波的损耗增加；增加试样厚度亦可使聚氨酯泡沫塑料吸波性能增强，这种效应

在 Ku 波段尤为明显。

将碳纤维与其他纤维类物质混合制备复合吸波材料可拓宽吸收频带。宋宇华等[91] 通过对碳纤维、碳纤维/纤维Ⅰ和碳纤维/纤维Ⅱ分别填充的硬质聚氨酯泡沫塑料吸波性能的研究，探讨了纤维类型、纤维含量、试样厚度对吸波性能的影响。纤维Ⅰ和Ⅱ分别与碳纤维混杂均可展宽频带；吸波性能随塑料样板厚度、纤维Ⅱ含量的增加而增强，吸收峰向低频移动。此外，很多研究表明，碳纤维的添加对聚氨酯基泡沫吸波材料的阻燃性能和泡沫均匀性均有较大提升[92-94]。值得注意的是，虽有多种工艺可用于制备碳纤维吸波材料，但结果通常是力学性能和吸波性能难以兼得，或是制备工艺难度大[95]，因此碳纤维在聚氨酯基泡沫吸波材料中的应用还有待进一步研究。

贾莉莉等[96] 以聚醚多元醇、甲苯二异氰酸酯为主要原料，以水为发泡剂，通过预聚体法合成了聚氨酯泡沫，并采用共混、浸渍两种不同工艺制备厚度为 4mm 的碳纳米管吸波材料，其在 11～17GHz 频段内具有一定的微波吸收效果。但是采用浸渍工艺时，吸收剂的浸渍量难以准确控制，且容易出现“掉粉”等问题。Z. Kučerová 等[97] 将片状碳微米颗粒、碳纤维、多壁碳纳米管作为吸收剂加入到聚氨酯基体中，在很低的掺杂量时试样的磁损耗角均较大，且其形状、含量、分散状态对吸波性能均有影响。

炭黑由于价格便宜，具有优异的阻燃性、耐候性、补强性和导电性，常常作为聚氨酯泡沫的阻燃填料、导电填料或是颜料使用。另一方面，炭黑作为典型的电损耗材料，兼具质轻的突出特点，故广泛作为吸收剂使用。其中乙炔炭黑因为导电性和分散性都比其他种类要好，故通常采用其作为吸波涂料中的吸收剂[98]。

Esfahani 等[99,100] 将 PU 泡沫浸渍到以层状石墨（GN）为导电成分、以硅胶为胶黏剂的胶液中，考察了偶联剂对 GN 在胶液和 PU 中的分散性的影响。实验证明，GN 分散性对材料的导电性和介电性有重要影响。作者还对一系列密度、孔壁厚度不同的聚氨酯基泡沫吸波材料进行了考察，研究了泡沫结构对吸波性能的影响。实验结果表明，具有粗厚孔壁泡沫结构的聚氨酯具有更高的电导率和复介电常数，吸波性能更好。

为提高吸波性能，适当增加炭黑填充量是必要的，但炭黑在使用中存在着一个突出问题，便是其与基体的相容性较差。笔者在一步法制备聚氨酯泡沫塑料实验中发现，当增加炭黑填充量时，体系的黏度会迅速增加，难以实现炭黑和聚醚组合料之间的均匀混合，异相成核作用加大，体系的发泡时间迅速缩短，不便于反应控制，发泡后体系的流动性也大幅度降低。虽然有炭黑改性、混合工艺的改进[101,102]，但是高填充量问题并未得到有效解决，改善基体和炭黑的相容性、提高填充量是提高炭黑型聚氨酯基泡沫吸波材料吸波性能需要解决的关键问题。

二、磁性吸收剂-聚氨酯基泡沫吸波材料

金属微粉、铁氧体都是常用的磁性吸收剂。金属微粉的电损耗和磁损耗都比较大，主要有铁粉、钴粉、镍粉及它们的合金粉。羰基铁由于具有磁损耗角大、吸波能力优异的特点而成为常用的金属微粉吸收剂[103,104]。铁氧体由于具有强烈的铁磁共振吸收和磁导率频散效应，具有吸收强、吸收频带较宽的特点而成为研究的重点之一。

黄拥元等[105] 通过一次性发泡获得掺入高磁导率金属粉末的聚氨酯基伪装覆盖微波吸收材料。发泡成型厚度约 2cm 的平板型吸收材料试样的密度约 $40kg/m^3$。在 8.2～12.4GHz 波段平均吸收率达到 90%，吸收频带覆盖整个波段。掺杂金属纤维时，在 9.52GHz 处吸收率达 97.5%以上。Peng 等[106] 对聚氨酯基泡沫吸波材料的研究表明，作为吸收剂的铁氧体尺寸和掺杂情况对吸波效果影响较大，其中尺寸在 40nm 左右的铁氧体具有更好的吸收效果。以 Co、Mg、Cu 掺杂的 Ni-Zn 铁氧体作为吸收剂，2mm、5mm 厚的聚氨酯基泡沫吸波材料在 2～ 12GHz 内部分区间的反射率小于－20dB，但是仍然存在吸收峰宽较窄的问题。张义桃等[107] 以聚氨酯泡沫为基材，分别填充铁氧体、碳粉以及它们的混合物，制备了吸波平板。在 4～8GHz 频段的反射率实验表明，单独一种材料作为吸收剂时的平板吸波效果并不理想，同时填充 5g 铁氧体和 15g 炭黑的平板具有相对较好的吸波效果，反射率约为－7dB。

聚氨酯泡沫塑料除上述直接作为吸波材料外，还可以作为夹层的“芯”材，制成结构型吸波材料。刘孝会等[108] 采用轻质的超高导电炭黑和短切碳

纤维复合吸收剂技术，将电磁波损耗由吸收剂单一作用扩展到结构/功能填料吸波一体化，吸波材料随厚度的不同可实现在2～18GHz的雷达波反射率均<−15dB。李娟等[109]利用一步法合成了用于夹层结构的聚氨酯泡沫塑料，当表层厚度为1.8mm、夹层厚度为10mm、底层厚度为3mm时，以二氧化锰和石墨为吸收剂时材料的最小反射率为−35.7dB（12.9GHz），有效带宽为1.5GHz。

参考文献

[1] Bae G S，Kim C Y. Broadband multilayer radar absorbing coating for RCS reduction [J]. Microwave and Optical Technology Letters，2014，56 (8)：1907-1920.

[2] Liu H T，Cheng H F. Design，preparation and microwave absorbing properties of sandwich-structure radar-absorbing materials reinforced by glass and SiC fibres [J]. Materials Science Forum，2014，788：573-579.

[3] 闻午，刘祥萱，刘渊，等. Zn-Mn取代镍基铁氧体的制备及电磁性能 [J]. 磁性材料及器件，2014，45 (4)：53-57.

[4] 邓少生，纪松. 功能材料概论——性能、制备与应用 [M]. 北京：化学工业出版社，2011：170.

[5] Calvente I，Fernandea M F，Villalba J，et al. Exposure to electromagnetic fields (non-ionizing radiation) and its relationship with childhood leukemia：A systematic review [J]. Science of the Total Environment，2010，408 (16)：3062-3069.

[6] 张成斌. 浅析电磁干扰对电力设备影响及对策 [J]. 内蒙古水利，2010 (6)：158-159.

[7] Yang Y Q，Wang J N. Synthesis and characterization of a microwave absorbing material based on magnetoplumbite ferrite and graphite nanosheet [J]. Materials Letters，2014，124：151-154.

[8] Rochman N T，Adi W A. Analysis of structural and microstructure of lanthanum ferrite by modifying iron sand for microwave absorber material application [J]. Advanced Materials Research，2014，896：423-427.

[9] Wang W J，Zang C G，Jiao Q J. Magnetic ferrite/conductive polyaniline nanocomposite as electromagnetic microwaveabsorbing materials in the low frequency [J]. Applied Mechanics and Materials，2013，333-335：1811-1815.

[10] 汪龙. 环氧基吸波涂层的结构设计与吸波性能研究 [D]. 大连：大连理工大学，2012.

[11] 李玉娇，冯永宝，丘泰. 吸波材料基体的应用与研究现状 [J]. 电子元件与材料，2011，30 (4)：79-82.

[12] Micheli D，Vricella A，Pastore R，et al. Synthesis and electromagnetic characterization of frequency

selective radar absorbing materials using carbon nanopowders [J]. Carbon，2014，77：756-774.

[13] Tsay C Y，Huang Y H，Hung D S. Enhanced microwave absorption of $La_{0.7}Sr_{0.3}MnO_{3-\delta}$ based composites with added carbon black [J]. Ceramics International，2014，40 (3)：3947-3951.

[14] Duan Y P，Wang L，Liu Z，et al. Microwave properties of double layer absorber reinforced with carbon fibre powders [J]. Plastics，Rubber&Composites，2013，42 (2)：82-87.

[15] 李晓敏，朱正吼，郑夏莲，等. 新型吸波复合材料的SMC成型工艺及吸波性能研究 [J]. 功能材料，2013，3 (44)：337-339，344.

[16] Zhang Z Y，Liu X X，Wu Y P. Synthesis，characterization，and microwave absorption properties of $SrFe_{12}O_{19}$ ferrites and $FeNi_3$ nanoplatelets composites [J]. Advanced Materials Research，2011，148-149：893-896.

[17] 谢昌江. Fe基环氧树脂纳米复合材料制备及电磁吸波性能 [D]. 大连：大连理工大学，2013.

[18] Singh B，Saini K，Choudhary V，et al. Effect of length of carbon nanotubes on electromagnetic interference shielding and mechanical properties of their reinforced epoxy composites [J]. Journal of Nanoparticle Research，2014，16 (1)：1-11.

[19] 陈兆晨，冯振宇，杨倩，等. 碳化硅颗粒填充的碳纳米管/环氧树脂复合材料的吸波性能 [J]. 功能材料与器件学报，2011，117 (3)：258-261.

[20] Liu Y，Liu X X，Wang X J. Double-layer microwave absorber based on $CoFe_2O_4$ ferrite and carbonyl iron composites [J]. Journal of Alloys and Compounds，2014，584：249-253.

[21] 张政权，王玉玲，经德齐. 双层混杂纤维/炭黑改性环氧树脂复合材料的制备及其吸波性能 [J]. 西南科技大学学报，2011，26 (4)：15-17.

[22] 陈平，王德中. 环氧树脂及其应用 [M]. 北京：化学工业出版社，2004.

[23] 夏文干，赵桂芳，曾令况. 胶粘剂和胶粘技术 [M]. 北京：国防工业出版社，1980：53.

[24] Das C K，Bhattacharya P，Sahoo S. Microwave absorption behaviour of MWCNT based nanocomposites in X-band region [J]. EXPRESS Polymer Letters，2013，7 (3)：212-223.

[25] Bhattacharya P，Das C K. In situ synthesis and characterization of $CuFe_{10}Al_2O_{19}$/MWCNT nanocomposites for supercapacitor and microwave absorbing applications [J]. Ind Eng Chem Res，2013，52 (28)：9594-9606.

[26] Ji X W，Lu M，Ye F，et al. Preparation and research on the electromagnetic wave absorbing coating with Co-ferrite and carbonyl iron particles [J]. Journal of Materials Science Research，2013，2 (2)：35-40.

[27] 安维，邓联文，胡照文，等. 基于铁基纳米晶薄片状吸收剂的吸波涂料制备 [J]. 世界科技研究与发展，2009，31 (5)：784-786.

[28] Bhattacharyya A，Joshi M. Functional properties of microwave-absorbent nanocomposite coatings based on thermoplastic polyurethane-based and hybrid carbon-based nanofillers [J]. Polymers for Advanced

Technologies，2012，23（6）：975-983.

[29] Li X，Zhang Y，Chen J，et al. Composite coatings reinforced with carbonyl iron nanoparticles：Preparation and microwave absorbing properties [J]. Materials Technology，2014，29（1）：57-64.

[30] Chopra S，Alam S. Fullerene containing polyurethane nanocomposites for microwave applications [J]. Journal of Applied Polymer Science，2013，128（3）：2012-2019.

[31] 冀鑫炜，陆明. Fe-Co 混合粉吸波涂层的制备及其性能研究 [J]. 兵器材料科学与工程，2012，35（6）：35-38.

[32] 陈砚朋，徐国跃，郭腾超，等. 改性羰基铁粉在红外/雷达兼容涂层中的应用 [J]. 兵器材料科学与工程，2010，33（5）：42-45.

[33] 翟滢皓，张勇. 橡胶吸波材料的研究进展 [J]. 高分子通报，2014，5：33-40.

[34] Hunyek A，Sirisathitkul C，Jantaratana P. Magnetic and dielectric properties of natural rubber and polyurethane composites filled with cobalt ferrite [J]. Plastics，Rubber and Composites，2013，42（3）：89-92.

[35] Vinayasree S，Soloman M A，Sunny V，et al. Flexible microwave absorbers based on barium hexaferrite，carbon black，and nitrile rubber for 2-12 GHz applications [J]. Journal of Applied Physics，2014，116（2）：0249.

[36] Singh V K，Shukla A，PAatra M K，et al. Microwave absorbing properties of a thermally reduced grapheme oxide/nitrile butadiene rubber composite [J]. Carbon，2012，50（6）：2202.

[37] 向军，张雄辉，叶芹，等. 基于 $Li_{0.35}Zn_{0.3}Fe_{2.35}O_4$ 和碳纳米纤维双层吸波体的结构设计与吸收性能研究 [J]. 无机化学学报，2014，30（4）：845-852.

[38] Sunny V，Kurian P，Mohanan P，et al. A flexible microwave absorber based on nickel ferrite nanocomposite [J]. Journal of Alloys and Compounds，2010，489：297-303.

[39] Cheng Y Z，Nie Y，Wang X，et al. Adjustable low frequency and broadband metamaterial absorber based on magnetic rubber plate and cross resonator [J]. Journal of Applied Physics，2014，115（6）：064902.

[40] Xu Y G，Zhang D Y，Cai J，et al. Microwave absorbing property of silicone rubber composites with added carbonyl iron particles and graphite platelet [J]. Journal of Magnetism & Magnetic Materials，2013，327：82-86.

[41] 王志强，张振军，范壮军. 碳纳米管/三元乙丙橡胶复合材料吸波性能的研究 [J]. 材料导报：研究篇，2010，24（7）：26-28.

[42] 段海平，李国防，段玉平，等. 橡胶基复合吸波贴片的电磁性能研究 [J]. 表面技术，2010，39（5）：61-64.

[43] 李淑环，刘欣然，朱然，等. 偶联剂 A151 对锶铁氧体甲基乙烯基硅橡胶吸波复合材料性能的影响 [J]. 橡胶科技市场，2012，8：10-14.

[44] Ji K J, Zhao H H, Huang Z G, et al. Performance of open-cell foam of Cu-Ni alloy integrated with grapheme as a shield against electromagnetic interference [J]. Materials Letters, 2014, 122: 244-247.

[45] Shen B, Zhai W T, Tao M M, et al. Lightweight, multifunctional polyetherimide graphene@Fe_3O_4 composite foams for shielding of electromagnetic pollution [J]. ACS Appl Mater Interfaces, 2013, 5 (21): 11383-11391.

[46] Zhang Y, Wang J M, Zhou T G. Effect of doping cerium oxide on microwave absorbing properties of polyaniline/Al-alloy foams composite materials [J]. Advanced Materials Research, 2014, 893: 295-298.

[47] Fang Z G, Fang C. Novel radar absorbing materials with broad absorbing band: Carbon foams [J]. Applied Mechanics and Materials, 2010, 26-28: 246-249.

[48] Liu X L, Lu H J, Xing L Y. Morphology and microwave absorption of carbon nanotube/bismaleimide foams [J]. Journal of Applied Polymer Science, 2014, 131 (9): 40233.

[49] Ahmed Z A, Abdulnabi R A, Gatee D K. Preparation (soft polyurethane foam / graphite) composites for microwave absorption in X-band frequency [J]. Journal of College of Education for Pure Science, 2012, 2 (2): 89-98.

[50] 燕子，张广成，马科峰，等．碳纳米管填充 PMI 泡沫的制备及其吸波性能研究 [J]. 应用化工，2012，41 (5)：844-847.

[51] 马科峰，张广成，刘良威，等．吸波性 PMI 泡沫塑料的制备及性能研究 [J]. 应用化工，2011，40 (1)：38-40，44.

[52] 王鲜，李俊楠，罗辉，等．$Mg_{1-x}Cu_xFe_2O_4$ 铁氧体的结构、磁性能及损耗特性 [J]. 磁性材料及器件，2015，46 (6)：12-15，77.

[53] Feng G L, Zhou W C, Deng H W, et al. Magnetic and microwave absorption properties in 2.6—18GHz of A-site or B-site substituted $BaFe_{12}O_{19}$ ceramics [J]. Journal of Materials Science: Materials in Electronics, 2019, 30 (13): 12382-12388.

[54] 张秀芝，孙伟，赵俊峰．铁氧体粉掺量对水泥基材料吸波性能和力学性能的影响 [J]. 解放军理工大学学报，2011，12 (05)：466-471.

[55] 熊国宣，叶越华，左跃，等．锰锌铁氧体水泥基复合材料吸波性能的研究 [J]. 建筑材料学报，2007 (04)：469-472.

[56] 王全超．吸附 Ni-Zn/Mn-Zn 铁氧体的膨胀珍珠岩及其在吸波水泥砂浆中的应用 [D]. 武汉：武汉理工大学，2018.

[57] 焦隽隽．不同还原铁粉掺量下混凝土的电磁屏蔽和吸波特性 [J]. 中国科技论文，2020，15 (08)：895-899，920.

[58] 何楠，郝万军，冯发念，等．掺铁尾矿粉硫氧镁泡沫水泥复合材料的吸波性能 [J]. 材料科学与工程

学报，2019，37（03）：385-391.

[59] Fang X，Yang B，Kai J，et al. Characterization of a Y-type hexagonal ferrite-based frequency tunable microwave absorber [J]. International Journal of Minerals Metallurgy and Materials，2012，19（05）：453-456.

[60] 许卫东，杨燚，张豹山，等. 铁氧体水泥基微波吸收复合材料的初步研究 [J]. 兵器材料科学与工程，2003（06）：6-9.

[61] 午丽娟，沈国柱，徐政，等. 铁氧体及碳纤维填充水泥基复合材料吸波性能 [J]. 建筑材料学报，2006（05）：603-607.

[62] Xie S，Ji Z J，Yang Y，et al. Recent progressin electromagnetic wave absorption building materials [J]. Journal of Building Engineering，2020，30（13）：63-70.

[63] He Y J，Lu L N，Sun K K，et al. Electromagnetic wave absorbing cement-based composite using nano-Fe_3O_4 magnetic fluid as absorber [J]. Cement and Concrete Composites，2018，92：1-6.

[64] 吕林女，王全超，何永佳，等. 纳米 Mn-Zn 铁氧体电磁吸波水泥基材料的制备与性能 [J]. 硅酸盐通报，2018，37（03）：767-771，780.

[65] 杨展华，王锡晨，刘元军. 不同磁性材料掺杂石墨烯复合材料的吸波性能 [J]. 染整技术，2020，42（5）：6-11.

[66] Wang G W，Guo C S，Qiao L，et al. High-frequency magnetic properties and core loss of carbonyl iron composites with easy plane-like structures [J]. Chinese Physics B，2021，30（02）：586-591.

[67] Liu Y，Li R，Jia Y，et al. Effect of deposition temperature on $SrFe_{12}O_{19}$@carbonyl iron core-shell composites as high performance microwave absorbers [J]. Chinese Physics B，2020，29（06）：591-597.

[68] 刘渊，吴晋瑞，王莹. 羰基铁/$NiLa_{0.02}Fe_{1.98}O_4$ 双层宽频吸波体的构建及实现 [J]. 中国有色金属学报，2020，30（07）：1626-1633.

[69] 王振军，李克智，王闯，等. 羰基铁粉-碳纤维水泥基复合材料的吸波性能 [J]. 硅酸盐学报，2011，39（01）：69-74.

[70] 梅超. 镍包铜粉-碱激发复合吸波材料性能研究 [D]. 广州：广州大学，2020.

[71] Li K Z，Wang C，Li H J，et al. Effect of chemical vapor deposition treatment of carbon fibers on the reflectivity of carbon fiber-reinforced cement-based composites [J]. Composites Science & Technology，2008，68（5）：1105-1114.

[72] 欧进萍，高雪松，韩宝国. 碳纤维水泥基材料吸波性能与隐身效能分析 [J]. 硅酸盐学报，2006（08）：901-907.

[73] 王闯，李克智，李贺军，等. 表面热处理碳纤维及其增强水泥基复合材料的电磁屏蔽性能（英文）[J]. 硅酸盐学报，2008（10）：1348-1355.

[74] 谢炜，程海峰，楚增勇，等. 短切中空多孔碳纤维复合材料的吸波性能 [J]. 无机材料学报，2008，

23 (3): 481-485.

[75] 国爱丽．高强水泥基复合材料雷达波吸收性能研究［D]．哈尔滨：哈尔滨工业大学，2010.

[76] 赵东林，沈曾民，迟伟东．炭纤维及其复合材料的吸波性能和吸波机理［J]．新型炭材料，2001 (02)：66-72.

[77] 沈国柱，徐政，蔡瑞琦．短切碳纤维-铁氧体填充的复合材料吸波性能［J]．同济大学学报，2006，34 (7)：933-936.

[78] 袁迪．石墨烯-四氧化三铁水泥基材料的基础特性及吸波性能研究［D]．广州：广州大学，2019.

[79] 吕淑珍，陈宁，王海滨，等．掺铁氧体和石墨水泥基复合材料吸收电磁波性能［J]．复合材料学报，2010，27 (5)：73-78.

[80] 刘渊，师金锋，何祯鑫．一种碳纤维-羰基铁复合改性吸波混凝土及其制备方法：CN201910544116.4 [P]．2019-08-16.

[81] 张秀芝，孙伟．铁氧体复合吸波剂对水泥基复合材料吸波性能的影响［J]．硅酸盐学报，2010，38 (4)：590-596.

[82] Liu Y，Liu X X，Wang X J. Preparation of multiwalled carbon nanotube-Fe composites and their application as light weight and broadband electromagnetic wave absorbers [J]．Chinese Physics B，2014，23 (11)：556-559.

[83] 刘渊，王炜，陈桂明，等．一种双层水泥基吸波材料及其制备方法：CN201910544103.7 [P]．2019-09-24.

[84] 付步芳，王利．聚氨酯泡沫塑料基吸波材料及其应用［J]．材料开发与应用，2000，15 (6)：38-42.

[85] Chen X G，Ye Y，Cheng J P. Recent progress in electromagnetic wave absorbers [J]．Journal of Inorganic Materials，2011，26 (5)：449-457.

[86] 丁世敬，李跃波，黄刘宏，等．一种发泡型聚氨酯吸波材料及其制备方法：CN101519487A [P]．2019-09-20.

[87] 沈国柱．铁氧体复合材料吸波性能研究［D]．上海：同济大学，2008.

[88] 黄小忠，黎炎图，杜作娟，等．磁性吸波碳纤维掺杂聚氨酯泡沫制备夹层结构吸波材料［J]．高科技纤维与应用，2009，34 (4)：32-36.

[89] Yu M X，Li X C，Gong R Z，et al. Magnetic properties of carbonyl iron fibers and their microwave absorbing characterization as the filer in polymer foams [J]．Journal of Alloys and Compounds，2008 (456)：452-455.

[90] 丁文皓，于名讯，朱洪立，等．含有短切导电纤维聚氨酯泡沫塑料的吸波性能研究［J]．工程塑料应用，2007，35 (11)：20-22.

[91] 宋宇华，于名讯，朱洪立，等．雷达波吸收性聚氨酯泡沫塑料的研究［J]．工程塑料应用，2006，34 (12)：13-16.

[92] Yakushin V，Stirna U，Bel' kova L，et al. Properities of rigid polyurethane foams filled with milled

carbon fibers [J]. Mechanics of Composite Materials, 2011, 46 (6): 679-688.

[93] Harikrishnan G, Singh S N, Kiesel E, et al. Nanodispersions of carbon nano fiber for polyurethane foaming [J]. Polymer, 2010 (51): 3349-3353.

[94] 陈晨，冯桓楷，翟天亮，等．磁场取向镀镍碳纳米管/聚氨酯复合泡沫材料的制备及性能 [J]. 塑料工业，2011，39 (3)：52-55.

[95] 刑丽英．隐身材料 [M]. 北京：化学工业出版社，2004：49.

[96] 贾莉莉，毕红，王亚芬．聚氨酯泡沫复合材料的制备及其吸波性能研究 [J]. 安徽大学学报（自然科学版），2007，31 (5)：66-68.

[97] Kučerová Z, Zajíčková L, Buršíková V, et al. Mechanical and microwave absorbing properties of carbon-filled polyurethane [J]. Micron, 2009 (40): 70-73.

[98] 周馨我．功能材料学 [M]. 北京：北京理工大学出版社，2003.

[99] Esfahani A R S, Katba A A, Pakdaman A R, et al. Electrically conductive foamed polyurethane/silicone rubber/graphite nanocomposites as radio frequency wave absorbing material: The role of foam structure [J]. Polymer Composites, 2012 (33): 397-403.

[100] Esfahani A R S, Katbab A A, Dehkhoda P, et al. Preparation and characterization of foamed polyurethane/silicone rubber / graphite nanocomposite as radio frequency wave absorbing material: The role of interfacial compatibilization [J]. Composites Science and Technology, 2012 (72): 382-389.

[101] Qing Y C, Zhou W S, Jia S, et al. Dielectric properties of carbon black and carbonyl iron filled epoxy-silicone resin coating [J]. Journal of Materials Science, 2010, 45 (7): 1885-1888.

[102] 吴广利，段玉平，周文龙，等．羰基铁与炭黑共混制备吸波涂层的研究 [J]. 安全与电磁兼容，2011，1：41-43.

[103] Qing Y C, Zhou W C, Luo F, et al. Microwave-absorbing and mechanical properties of carbonyl iron/epoxy-silicone resin coatings [J]. Journal of Magnetism and Magnetic Materials, 2009 (321): 25-28.

[104] Duan Y P, Wu G L, Gu S C, et al. Study on microwave absorbing properties of carbonyl-iron composite coating based on PVC and Al sheet [J]. Applied Surface Science, 2012, 258 (15): 5746-5752.

[105] 黄拥元，赵京先．伪装发泡覆盖材料微波吸收性能研究 [J]. 解放军理工大学学报，2000，1 (1)：74-76.

[106] Peng C H, Hwang C C, Wan J, et al. Microwave-absorbing characteristics for the composites of thermal-plastic polyurethane (TPU)-bonded NiZn-ferrites prepared by combustion synthesis method [J]. Materials Science and Engineering: B, 2005 (117): 27-36.

[107] 张义桃，徐俊，朱刚，等．钡铁氧体、炭黑填充聚氨酯软质泡沫基吸收材料性能的研究 [J]. 功能材料，2007，增刊 (38)：3005-3007.

[108] 刘孝会，周学梅，周光华，等．多孔层叠宽频吸波材料研究［J］．功能材料，2010，增刊Ⅱ（41）：292-295，299.
[109] 李娟，邓京兰，王继辉．聚氨酯泡沫夹层复合材料的制备及其吸波性能研究［J］．高科技纤维与应用，2010，35（2）：19-22.

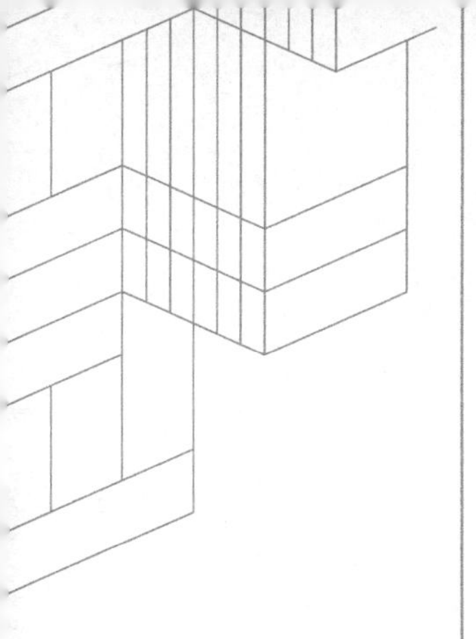

第二章

基础理论和材料特性

第一节
复合吸波材料的吸波机理

吸波材料必须能使电磁波（EMW）在材料内部尽可能衰减，使反射波、透射波足够小。根据微波理论[1]，EMW的衰减程度与材料的复介电常数（实部ε'和虚部ε''）及复磁导率（实部μ'和虚部μ''）有关，而这些参数又会影响到材料的阻抗值。为了使EMW更好地进入材料内部进行传输损耗而非反射，因此需要自由空间（空气）和材料的阻抗值尽量接近。在建筑用复合吸波材料（水泥基材料及聚氨酯材料）中通常含有大量的吸收剂，这些物质具有一定磁损耗和电损耗，可以将进入材料内部的EMW能量转换成热能等其他能量消散掉[2]。因此，理想的复合吸波材料应把握两个方面：良好的阻抗匹配和优异的电磁损耗能力。

可以通过测量不同试件的反射率来衡量材料吸收EMW的能力。当EMW从空气垂直进入复合吸波材料的表面时，根据EMW理论，其反射率R的计算公式如下：

$$R=20\lg\left|\frac{Z_{\text{in}}-1}{Z_{\text{in}}+1}\right| \tag{2.1}$$

式中，Z_{in}为输入阻抗。

因为：

$$Z_{\text{in}}=\sqrt{\frac{\mu}{\varepsilon}}\text{th}[\text{j}(2\pi fd/c)\sqrt{\mu\varepsilon}] \tag{2.2}$$

故：

$$R=20\lg\left|\frac{\sqrt{\frac{\mu}{\varepsilon}}\text{th}[\text{j}(2\pi fd/c)\sqrt{\mu\varepsilon}]-1}{\sqrt{\frac{\mu}{\varepsilon}}\text{th}[\text{j}(2\pi fd/c)\sqrt{\mu\varepsilon}]+1}\right| \tag{2.3}$$

式中，c为真空中的光速；th为双曲正切函数；j为虚数单位；f为入射波频率；d为复合吸波材料厚度；R为反射率，单位为dB，作为吸波材料性能指标，反射率越小，其吸波效果越佳；μ为复磁导率；ε为复介电常数。

第二节
基本材料及特性

一、胶凝材料

混凝土中的胶凝材料是由普通硅酸盐水泥和其他矿物掺合料组成。矿物掺合料由硅灰、粉煤灰及矿渣按一定比例混合而成的，表 2.1 给出了本书使用的胶凝材料最优配合比，表 2.2 给出了胶凝材料的化学成分 X 射线荧光（XRF）测试的测试结果。其中有江苏利强建设工程有限公司的 P·O42.5 型普通硅酸盐水泥；郑州卓凡环保科技有限公司的硅灰，材料密度为 2.24g/cm^3，平均粒径为 0.1μm，比表面积为 1.56×10^{4}m^2/kg；灵寿县德通矿产品加工厂的Ⅰ级粉煤灰，密度为 2.43g/cm^3，比表面积为 655m^2/kg；灵寿县璋翰矿产品加工厂的高炉矿渣，材料密度为 2.87g/cm^3，比表面积为 502m^2/kg。图 2.1 为各胶凝材料的实物照片。

表 2.1　胶凝材料最优配合比

组别	水胶比	水泥	粉煤灰	硅灰	石英粉	矿渣	石英砂	减水剂/%
控制组	0.23	0.7	0.3	0.25	0.15	0.15	1.1	2.5

注：减水剂用量占胶凝材料（水泥＋粉煤灰）总质量的 2.5%。

表 2.2　胶凝材料化学成分 XRF 测试结果　　单位：%

项目	SiO_2	Al_2O_3	Fe_2O_3	CaO	MaO	SO_3	R_2O
硅酸盐水泥	21.14	5.51	3.86	62.38	1.70	2.66	0.80
硅灰	93.5	0.40	0.70	0.20	0.30	0.50	0.30
粉煤灰	66.1	20.73	5.35	2.73	2.05	0.28	0.60
高炉矿渣	38.51	7.37	0.50	42.39	6.61	1.00	0.70

二、细骨料

细骨料一般使用石英砂等，本书中细骨料由灵寿县绅腾矿产品加工厂的磨

图 2.1　胶凝材料

细石英粉和石英砂混合而成，其中磨细石英粉 SiO_2 含量达 98.2%以上，粒径分布为 5～30μm，石英砂粒径分布为 100～600μm，如图 2.2 所示。

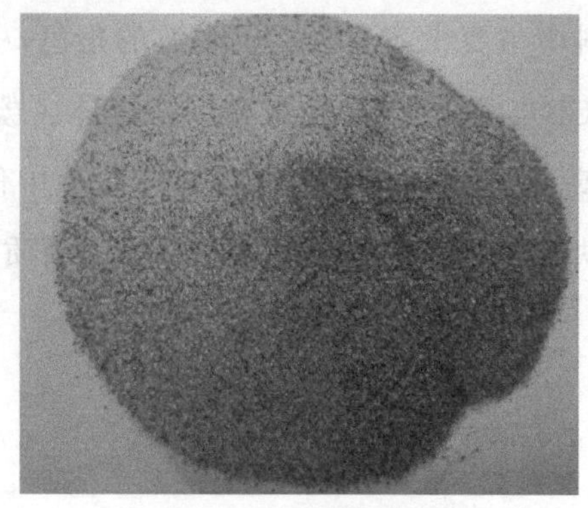

图 2.2　细骨料

三、添加剂

本书主要使用的添加剂为减水剂和分散剂。减水剂为江苏苏博特新材料股份有限公司的 PCA-Ⅰ聚羧酸高效减水剂，减水率为 30%～40%，掺量占胶凝材料质量的 2.5%，如图 2.3 所示。

分散剂采用广州润宏化工有限公司的羟乙基纤维素醚，如图 2.4 所示，用以在制备碳纤维改性混凝土时对碳纤维材料进行预先分散处理，防止碳纤维材料团聚。

图 2.3　高效减水剂

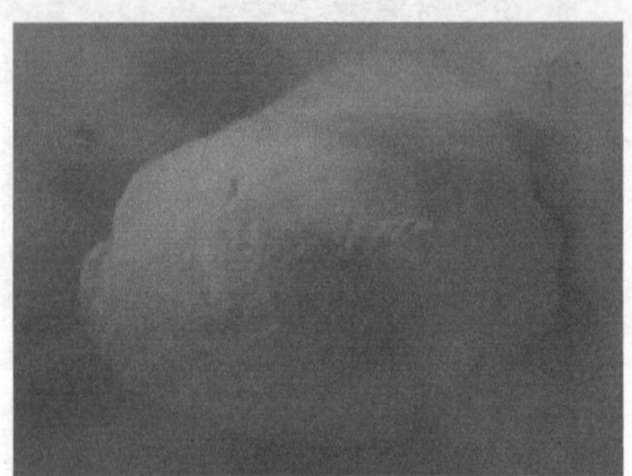

图 2.4　羟乙基纤维素醚

四、吸收剂

吸收剂在吸波材料中主要扮演着吸收电磁波的角色，目前常用的吸收剂有炭黑（carbon black，CB）、石墨、金属微粉、铁氧体、羰基铁（carbonyl iron particle，CIP）、导电高分子材料、手性材料等。本书中使用的吸收剂有短切碳纤维、平面六角型铁氧体、鳞片石墨、羰基铁粉、硬质聚氨酯泡沫和软质聚氨酯泡沫。

1. 短切碳纤维

短切碳纤维购自深圳中森领航科技有限公司，采用 6mm 长、抗拉强度≥

90MPa、抗拉模量≥1.4GPa、密度为 1900kg/m^3 的短切碳纤维，如图 2.5(a) 所示。

2. 平面六角型铁氧体

铁氧体粉购自浙江绿创材料科技有限公司，采用平均粒径为 30μm 的平面六角型铁氧体，如图 2.5(b) 所示。

3. 鳞片石墨

鳞片石墨购置于郑州欣茂化工产品有限公司，采用粒度为 1～20μm、密度为 1900kg/m^3 的鳞片石墨，如图 2.5(c) 所示。具体的性能指标见表 2.3。

图 2.5 吸收剂

表 2.3　鳞片石墨主要性能指标

粒度/μm	碳含量/%	灰分含量/%	水分含量/%	密度/(kg/m^3)
1～20	≥90	≥1.4	≥0.5	1900

4. 羰基铁粉

羰基铁粉购自兴荣源金属材料有限公司，规格 DT-50，平均粒度为 3.1μm，如图 2.5(d) 所示。

5. 硬质聚氨酯泡沫和软质聚氨酯泡沫

硬质聚氨酯泡沫和软质聚氨酯泡沫需要单独制备，制备过程及主要参数在第三章内容中有详细介绍。

参考文献

[1]　赵玉民. 电动力学教程 [J]. 物理与工程，2018，28 (01)：88.

[2]　张晨宇. 纳米氧化钛复合活性粉末混凝土的性能与机理 [D]. 大连：大连理工大学，2016.

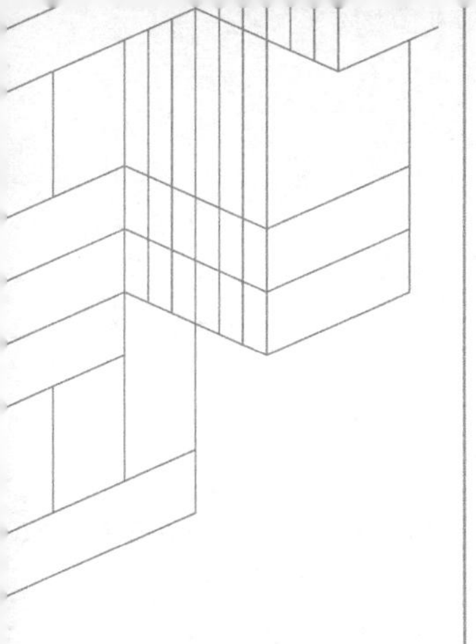

第三章

制备及表征方法

第一节 超高性能混凝土的配合比设计

超高性能混凝土，是选用细骨料、矿物掺合料等，采用低水胶比以及紧密堆积理论进行混凝土基础配合比设计，制备出具有较好耐久性及强度性能的水泥基材料。初始混凝土材料选用石英砂、水泥、石英粉、硅灰、矿渣及粉煤灰作为掺合料，水胶比取 0.23，根据 Dinger-Funk 紧密堆积理论[1] 对基础配合比进行设计（表 3.1），并调整配合比，保持水泥基材料具有较好的强度性能和流动性，具体的流动度和强度性能试验方法见本章第五节。

表 3.1 配合比调整

水泥	粉煤灰	硅灰	石英粉	矿渣	石英砂	减水剂/%	流动度/mm	抗压强度/MPa	抗折强度/MPa
1	0	0.25	0.3	0	1.1	2.5	165	112.4	20.8
1	0	0.25	0.15	0.15	1.1	2.5	195	114.4	21.8
1	0	0.25	0	0.3	1.1	2.5	271	114.9	22.4
0.7	0.3	0.25	0.3	0	1.1	2.5	210	115.8	23.0
0.7	0.3	0.25	0.15	0.15	1.1	2.5	245	116.8	23.9
0.7	0.3	0.25	0	0.3	1.1	2.5	262	114.8	23.0

注：减水剂用量占胶凝材料（水泥＋粉煤灰）总质量的 2.5%，余表同。

主要使用矿渣取代 50%的石英粉，使用粉煤灰取代 30%的水泥来调整流动性。根据表 3.1 的试验结果，使用矿渣替代部分石英粉或者使用粉煤灰替代水泥均可以提高水泥基材料的流动性，第五组配合比具有较好的流动度(245mm)，且力学性能较好。因此选用该基础配合比作为控制组，见表 3.2。后续吸波混凝土的制备均基于该配合比开展。

表 3.2 最优配合比

组别	水胶比	水泥	粉煤灰	硅灰	石英粉	矿渣	石英砂	减水剂/%
控制组	0.23	0.7	0.3	0.25	0.15	0.15	1.1	2.5

第二节 吸波混凝土的制备

本节主要介绍碳纤维、鳞片石墨、平面六角型铁氧体、羰基铁粉四种材料单掺或双掺吸波混凝土的制备方法。

一、单掺吸波混凝土的制备

单掺吸波混凝土材料的配合比设置如表 3.3～表 3.6 所示。关于吸波混凝土的制备流程，对于粉体吸波剂，如羰基铁、铁氧体和石墨，其相应吸波混凝土材料的制备流程为：首先将吸波剂粉体、其他粉料及外加剂倒入搅拌锅内干拌 30s，再加入拌合水，使用强制式搅拌机搅拌 4～6min；搅拌完成后，将浆料浇筑于试模中，并在振动台上振动 30～60s；最后，静置 24h 后拆模，并放入 60℃蒸汽养护室内养护 3d。

特殊地，在碳纤维吸波混凝土的制备过程中，为避免搅拌过程中碳纤维发生团聚现象，需要先使用纤维素醚分散剂溶液分散碳纤维。

1. 碳纤维吸波混凝土

以碳纤维吸波混凝土为例，说明粉体吸波剂改性混凝土的制备过程。

称取占碳纤维质量 5%的纤维素醚并加入适量的水，在搅拌锅中搅拌 30s 得到分散水溶液；再称取定量的碳纤维，放入分散水溶液中搅拌约 3min，使其均匀分散；然后将吸波剂粉体、其他粉料及外加剂倒入搅拌锅内干拌 30s，再加入拌合水，使用强制式搅拌机搅拌 4～6min，搅拌完成后，将浆料浇筑于试模中，如图 3.1(a) 所示，并在振动台上振动 30～60s；最后，静置 24h 后拆模，并放入 20℃蒸汽养护室内养护 3d，如图 3.1(b) 所示。

在水泥基材料中掺入不同体积分数的碳纤维，可以制备碳纤维水泥基复合吸波材料。所用掺量为混凝土体积的 0.1%、0.3%和 0.6%，具体的配合比设

(a) 板试件及模具　　(b) 板试件蒸汽养护

图 3.1　板试件制备及养护

计见表 3.3。

表 3.3　碳纤维吸波混凝土配合比

组别	水泥	粉煤灰	硅灰	石英粉	矿渣	石英砂	减水剂/%	碳纤维/%
碳 1	0.7	0.3	0.25	0.15	0.15	1.1	2.5	0.1
碳 2	0.7	0.3	0.25	0.15	0.15	1.1	2.5	0.3
碳 3	0.7	0.3	0.25	0.15	0.15	1.1	2.5	0.6

2. 石墨吸波混凝土

在水泥基材料中掺入不同质量分数的石墨粉（鳞片石墨），可以制备石墨水泥基复合吸波材料。所用掺量为混凝土胶凝材料质量的 1.0%、2.5% 和 4.0%，具体的配合比设计见表 3.4。

表 3.4　石墨吸波混凝土配合比

组别	水泥	粉煤灰	硅灰	石英粉	矿渣	石英砂	减水剂/%	石墨/%
石 1	0.7	0.3	0.25	0.15	0.15	1.1	2.5	1.0
石 2	0.7	0.3	0.25	0.15	0.15	1.1	2.5	2.5
石 3	0.7	0.3	0.25	0.15	0.15	1.1	2.5	4.0

3. 铁氧体吸波混凝土

在水泥基材料中掺入不同质量分数的铁氧体粉末（平面六角型铁氧体），可以制备铁氧体水泥基复合吸波材料。所用掺量为混凝土胶凝材料质量的

5%、10%和15%，具体的配合比设计见表3.5。

表3.5 铁氧体吸波混凝土配合比

组别	水泥	粉煤灰	硅灰	石英粉	矿渣	石英砂	减水剂/%	铁氧体/%
铁1	0.7	0.3	0.25	0.15	0.15	1.1	2.5	5
铁2	0.7	0.3	0.25	0.15	0.15	1.1	2.5	10
铁3	0.7	0.3	0.25	0.15	0.15	1.1	2.5	15

4. 羰基铁吸波混凝土

在水泥基材料中掺入不同质量分数的羰基铁粉末，可以制备羰基铁水泥基复合吸波材料。所用掺量为混凝土胶凝材料质量的30%、35%和40%，具体的配合比设计见表3.6。

表3.6 羰基铁吸波混凝土配合比

组别	水泥	粉煤灰	硅灰	石英粉	矿渣	石英砂	减水剂/%	羰基铁/%
羰1	0.7	0.3	0.25	0.15	0.15	1.1	2.5	30
羰2	0.7	0.3	0.25	0.15	0.15	1.1	2.5	35
羰3	0.7	0.3	0.25	0.15	0.15	1.1	2.5	40

二、双掺吸波混凝土的制备

理论上，在水泥基材料中加入两种以上吸波剂，可以提高吸波材料的吸波带宽，提高电磁波的吸收频段范围。因此需开展吸波剂双掺混凝土的性能试验，测试不同吸波剂复掺对混凝土的吸波性能改性效果。具体配合比设计见表3.7。双掺吸波混凝土的基本制备流程与单掺吸波混凝土相似。

表3.7 双掺吸波混凝土配合比

组别	水泥	粉煤灰	硅灰	石英粉	矿渣	石英砂	减水剂①/%	铁氧体①/%	石墨①/%	碳纤维②/%
铁-石	0.7	0.3	0.25	0.15	0.15	1.1	2.5	10	2.5	—
铁-碳	0.7	0.3	0.25	0.15	0.15	1.1	2.5	10	—	0.6
石-碳	0.7	0.3	0.25	0.15	0.15	1.1	2.5	—	2.5	0.6

① 以质量分数计。

② 以体积分数计。

第三节 硬质聚氨酯基泡沫吸波材料的制备

以体系的乳白时间、脱黏时间和流动性为主要参考对象，通过调节助剂的种类和含量，最终确定硬质聚氨酯配方，并在此基础上选取泡孔结构较好的聚氨酯作为后续实验的基体材料。这里介绍实验室内硬质聚氨酯基泡沫吸波材料的制备方法。

一、原料及设备

实验所用原料见表 3.8。

表 3.8 实验原料

实验原料	生产厂家
导电炭黑 Degussa PrintexL6(CBL6)	德国 Degussa 公司
碳纳米管(CNT)	南昌太阳纳米技术有限公司
羰基铁(CIP)	陕西兴化公司羰基铁粉厂
多亚甲基多苯基异氰酸酯(PAPI)	万华化学集团股份有限公司
聚醚多元醇 MJ-4110	连云港迈佳化工有限公司
脱模剂	佛山市立信化工有限公司
匀泡剂 OFX-0193	佛山市立信化工有限公司
胺催化剂 AN127	佛山市立信化工有限公司
胺催化剂 AN2027	佛山市立信化工有限公司
二月桂酸二丁基锡(T-12)	西安化学试剂厂
硅烷偶联剂 KH-560	南京品宁偶联剂有限公司
钛酸酯偶联剂 101	南京品宁偶联剂有限公司
去离子水	实验室自制

实验所用设备见表 3.9。

表 3.9　实验仪器

仪器名称	型号	生产厂家
电磁搅拌器	78-1	江苏正基仪器厂
精密增力电动搅拌器	JJ-1	上海浦东光学仪器厂
扫描电子显微镜	VEGAIIXMUINCN	捷克 TESCAN 公司
矢量网络分析仪	HP-8720ES	美国 Hewlett-Packard 公司
超声波振荡仪	KQ-100	昆山超声仪器有限公司
电子天平	AB204-S	瑞士 Mettle Toledo 公司
旋转式黏度计	DNJ-79	同济大学机电厂
数显真空干燥箱	876A-2	上海浦东欣跃科学仪器厂

二、硬质聚氨酯基泡沫吸波材料的制备方法

1. 硬质聚氨酯泡沫的制备

(1) 硬质聚氨酯泡沫的制备步骤

① 药品称量：按照实验配方称量已经干燥过（条件：80℃、10h）的异氰酸酯（A 料）和聚醚多元醇以及其他助剂；

② 配制 B 料：按照配方（表 3.10）将匀泡剂加入到聚醚中，机械搅拌均匀，而后加入催化剂、发泡剂并进行充分机械搅拌，得到 B 料；

③ 材料发泡：将 A 料和 B 料倒入发泡容器中，以 2500r/min 的转速对混合料进行机械搅拌，30s 后迅速倒入模具中，自由发泡；

④ 熟化处理：发泡后的聚氨酯连同模具在室温条件下固化 1h；

⑤ 试样制备：将熟化处理后的硬质聚氨酯泡沫去除表面结皮层，制成标准大小（长：22.86mm；宽：10.16mm；厚：2.5mm）的试样以备后续相关测试。

表 3.10　硬质聚氨酯泡沫配方

组分名称	质量份
聚醚(4110)	100
三乙醇胺	1.5
二月桂酸二丁基锡(T-12)	0.5

续表

组分名称	质量份
匀泡剂	2
发泡剂(水)	4
异氰酸酯(PAPI)指数	105

根据上述配方，按照上述步骤进行硬质聚氨酯泡沫的合成。实验中为避免使用的有机金属催化剂二月桂酸二丁基锡水解，将其和异氰酸酯最后加入B料中混合发泡。

实验测得反应在22s时体系已经开始起发，乳白时间约为25s，且此时体系几乎无流动性，无法顺利倒入模具中按预定形状进行发泡，反应时间为56s时聚氨酯已脱黏。产生上述现象的原因是在聚氨酯的合成过程中，有机金属催化剂二月桂酸二丁基锡对异氰酸酯基团和端羟基反应的催化作用显著[1]，促使合成的聚氨酯分子链长度迅速增加，凝胶反应强于发泡反应，即出现了凝胶过程较早的现象。

(2) 催化剂含量和种类的调整与选择

聚氨酯用催化剂通常可以划分为叔胺类和金属化合物类催化剂两大类。由于催化剂的选择性，不同种类的催化剂对反应中不同基团的反应有不同的催化效果，例如有机锡催化剂对异氰酸酯和端羟基的凝胶反应便具有更为强烈的催化作用。选择和调节催化剂的种类和含量可以调节聚氨酯合成的发泡和凝胶时间，进而调整泡孔的结构，这对于制备出符合要求的聚氨酯泡沫材料具有十分重要的意义。为此，需对催化剂进行研究。

调整催化剂的用量，首先将二月桂酸二丁基锡的添加量减少为零，如表3.11所示。

表 3.11 硬质聚氨酯配方 1

组分名称	质量份
聚醚(4110)	100
三乙醇胺	1.5
匀泡剂	2
发泡剂(水)	4
异氰酸酯指数(PAPI)	105

试验结果为：混合体系的乳白时间大幅度延长，达到了90s，流动性大幅度提高，但存在的突出问题是合成的聚氨酯泡沫在较长时间后网络骨架强度仍然过低，且长时间不能脱黏。本次结果证实了对重现性试验理论分析的正确性。

基于两次试验结果，对试验配方中催化剂二月桂酸二丁基锡的添加量进行进一步的调整，配方如表3.12所示。

表3.12 硬质聚氨酯配方2

组分名称	质量份
聚醚(4110)	100
三乙醇胺	1.5
二月桂酸二丁基锡(T-12)	0.1/0.2/0.3/0.4
匀泡剂	2
发泡剂(水)	4
异氰酸酯指数(PAPI)	105

本组试验记录反应过程中的乳白时间、脱黏时间以及自然发泡成型后聚氨酯的上升高度和最大横向直径，结果如图3.2和图3.3所示。从结果来看，随着二月桂酸二丁基锡催化剂含量的增加，体系乳白时间、脱黏时间在不断地缩短。在实际的手工发泡中，发泡样品的高度和横向最大直径在一定程度上可以反映体系的流动性，高度越高、横向最大直径越小，则显示体系的流动性越差。因此，由实测结果可以看出随着T-12含量的增加，物料的流动性在降低。这再次证实了T-12在聚氨酯合成中对链增长的显著催化作用。同时，还发现T-12含量增加后，样品的结构强度得到明显加强。

在上述的整组反应中，体系的乳白时间较短，流动性相对较差，实验室条件下难以实现预定形状的发泡，即调节有机金属催化剂T-12含量并不能达到理想的结果。考虑到一步法制备聚氨酯基泡沫吸波材料时，还需将吸收剂添加到混合B组分中，而炭黑、碳纳米管、羰基铁等纳米、微米级吸收剂会促使反应过程中体系黏度进一步增加[2]，体系的流动性会进一步变差，而为使吸收剂均匀地分散在聚氨酯泡沫基体中又必须保证一定时间的充分搅拌。综上，试验考虑采用延迟性催化剂来调节体系的流动性。

试验中采用的延迟性催化剂为凝胶型延迟性催化剂AN-127、AN-2027。

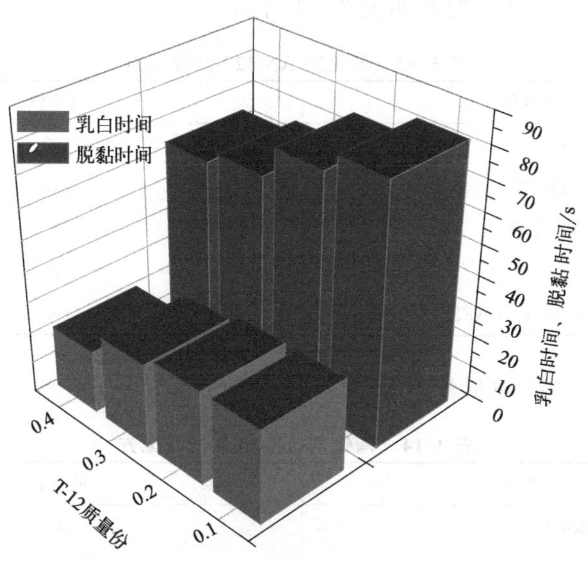

图 3.2　乳白时间、脱黏时间随 T-12 变化图

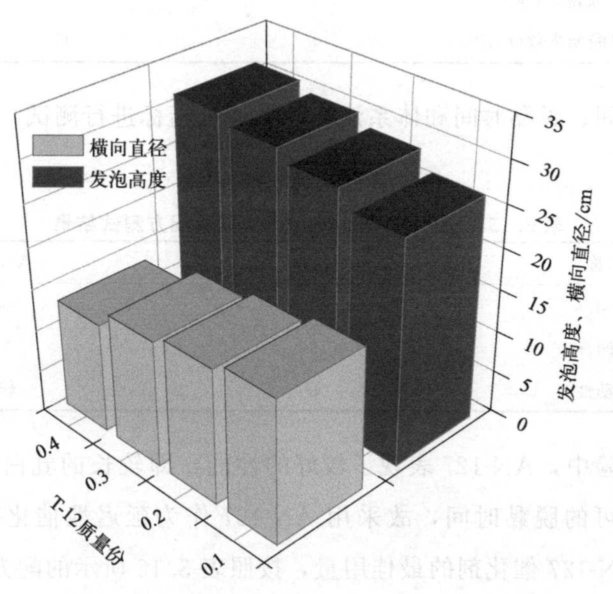

图 3.3　发泡高度、横向直径随 T-12 变化图

为在两者中选取催化效果较好的一种，进行了对比试验。根据使用说明，AN-2027 和 AN-127 推荐使用含量为 0.3～0.8 质量份，试验采用 0.5 质量份进行初步探索。

催化剂 AN-127 试验配方如表 3.13 所示。

表 3.13 催化剂 AN-127 试验配方

组分名称	质量份
聚醚(4110)	100
AN-127	0.5
匀泡剂	2
发泡剂(水)	4
异氰酸酯指数(PAPI)	105

催化剂 AN-2027 试验配方如表 3.14 所示。

表 3.14 催化剂 AN-2027 试验配方

组分名称	质量份
聚醚(4110)	100
AN-2027	0.5
匀泡剂	2
发泡剂(水)	4
异氰酸酯指数(PAPI)	105

以乳白时间、脱黏时间和体系流动性为评价指标进行测试，试验结果如表 3.15 所示。

表 3.15 催化剂 AN-127、2027 试验配方测试结果

项目名称	AN127	AN2027
乳白时间/s	72	47
脱黏时间/s	180	150
体系流动性	好	较好

在对比试验中，AN-127 表现了较好的性能，即较长的乳白时间、好的体系流动性和尚可的脱黏时间，故采用 AN-127 作为延迟性催化剂进行后续试验。为确定 AN-127 催化剂的最佳用量，按照表 3.16 所示的配方进行试验。

表 3.16 AN-127 改进配方

组分名称	质量份
聚醚(4110)	10
催化剂(AN-127)	0.5/0.4/0.3/0.2/0.1

续表

组分名称	质量份
匀泡剂	2
发泡剂(水)	4
异氰酸酯指数(PAPI)	105

试验结果如图 3.4 所示。从结果可以看出：随着催化剂 AN-127 含量的逐渐增加，合成聚氨酯时体系的乳白时间和脱黏时间均在逐渐延长。延迟性催化剂是由胺和一元或二元酸合成的[1]。在同等情况下，使用的延迟性催化剂含量越高，在其后期离解过程中离解出来的叔胺催化剂就会越多，对凝胶的催化作用就会越强，使得体系的分子链迅速增长。AN-127 添加量为 0.1 质量份时，其乳白时间为 35s，不适宜实验室内的手工发泡，同时考虑到由于后期加入吸收剂时会产生异相成核作用促进反应加速，故对添加量为 0.2～0.4 质量份配方的样品进行探究，最终选用结构强度较大的 0.4 质量份的配方进行进一步调整。

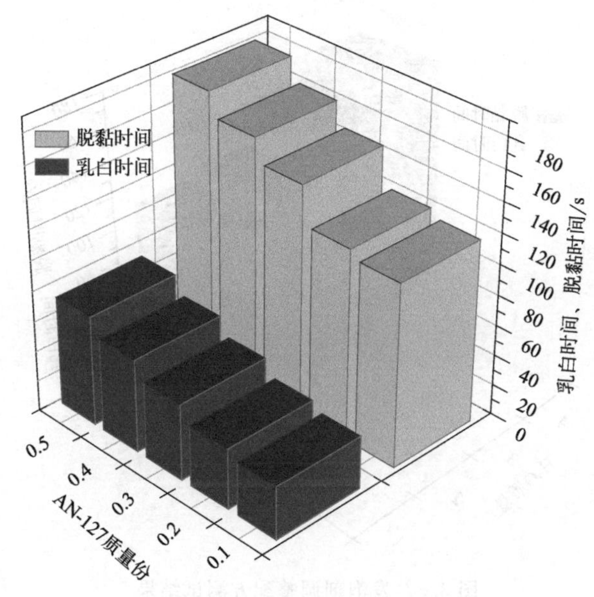

图 3.4　AN-127 改进配方测试结果

(3) 水添加量对硬质聚氨酯的影响

发泡剂作为聚氨酯泡沫塑料的重要助剂，对泡沫结构的产生具有决定性作用。水作为发泡剂，来源相对广泛、价格便宜，且相较于氯氟烃（CFCs）发泡剂而言，在生成聚氨酯过程中只产生二氧化碳，对大气臭氧层无破坏作用，因此具有良好的应用前景。但是，通过研究[1,3]，全水发泡时水用量不能过大，否则产生的聚氨酯泡沫塑料中脲基刚性基团含量过多，泡体手感差、密度大，且易产生“烧芯”、变黄的现象，通常其用量控制在5质量份以下。基于此，对水添加量进行了研究，发泡剂调整配方如表3.17所示。

表3.17 发泡剂调整配方

组分名称	质量份
聚醚(4110)	100
AN-127	0.4
匀泡剂	2
发泡剂(水)	1/2/3/4
异氰酸酯指数(PAPI)	105

调整发泡剂配方后，其测试结果如图3.5所示。

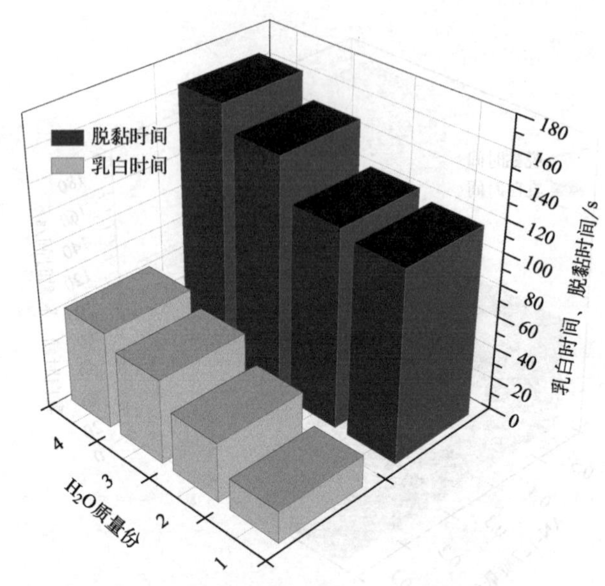

图3.5 发泡剂调整配方测试结果

通过结果可以看出，随着发泡剂（水）添加量的增加，体系的乳白时间和凝胶脱黏时间均在延长。产生这一现象的原因可以根据水与异氰酸酯的反应规律解释：

$$R—NCO+H_2O \longrightarrow [—R—NH—CO—PH] \longrightarrow RNH_2+CO_2$$

即 1molH_2O 会消耗 1mol—NCO。

由于反应体系中，为保证异氰酸酯指数始终是 105，随着水添加量的增加，所加入的异氰酸酯量也随之增加，而与之进行链增长反应的聚醚多元醇添加量维持不变，即产生了—NCO/—OH 变大的结果，单位体积内异氰酸酯与聚醚多元醇扩链反应量减少。另一方面，水性和油性物料的反应量上升导致原料混合的难度增大，故而出现了上述现象。这与硬质聚氨酯的相关研究结果一致。

图 3.6 为在不同发泡剂添加量的情况下聚氨酯泡孔结构的扫描电镜（SEM）图。硬质聚氨酯的泡孔结构呈现出较为规则的六边形，且随着发泡剂

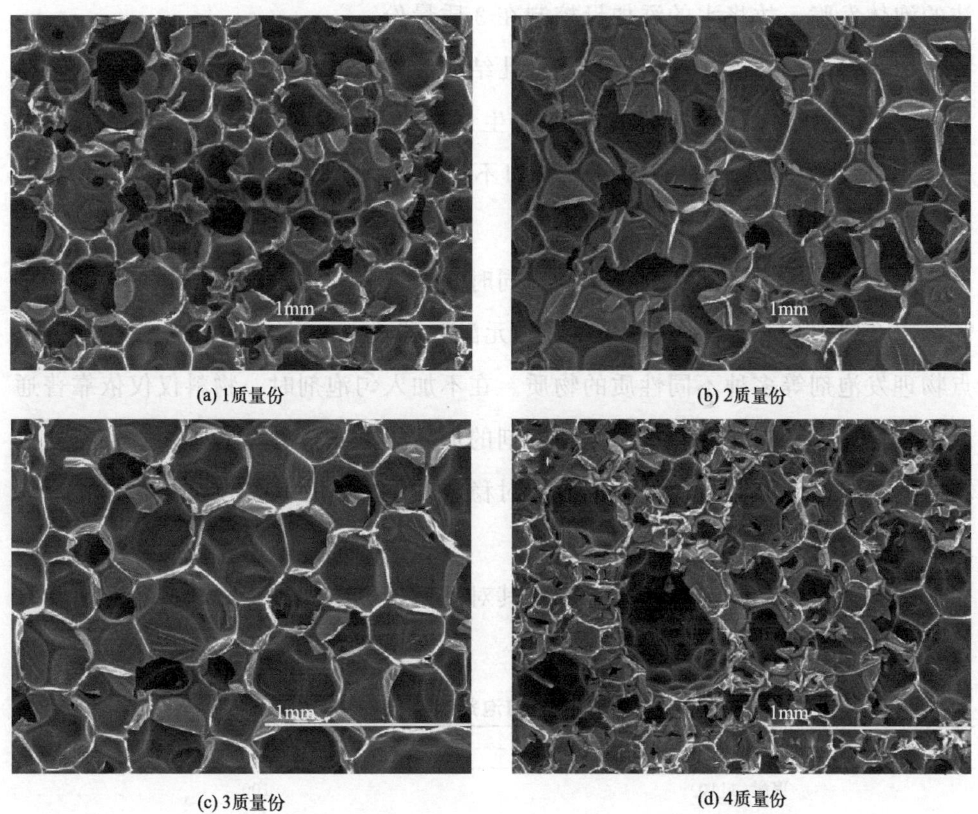

(a) 1质量份　(b) 2质量份　(c) 3质量份　(d) 4质量份

图 3.6　不同发泡剂添加量对硬质聚氨酯泡孔结构的影响

(水）添加量的增加，这种结构的规则性更明显，而后又降低，在水的添加量达到3质量份时，六边形结构最佳。泡孔的大小呈现出随着水添加量增加而增大的现象，产生这一现象的原因是孔径的大小是由发泡速度和凝胶速度共同决定的，当发泡速度小于凝胶速度时，由于反应中体系的长链迅速形成、强度较高，而气体产生较少，难以冲破聚氨酯形成的长链，故被包裹在聚氨酯基体中形成了孔径较小的闭孔结构；而随着水添加量的上升，发泡速度相对提高，这样就会有较多的气泡冲破聚氨酯的长链结构，较小的气泡就会有更多相互融合的可能，进而形成相对更大的泡孔结构，且分布较为均匀；随着水添加量的进一步增加，发泡速度进一步提高，而凝胶速度进一步降低，更大的泡孔结构就会形成，大量气体产生，而生成的泡孔壁强度不足，致使泡沫塌陷，且随着水添加量的上升，会生成大量的含刚性脲键的物质，这样十分容易使得聚氨酯泡沫的泡体发脆，故将水的添加量控制在3质量份。

（4）匀泡剂用量对硬质聚氨酯泡孔结构的影响

虽然匀泡剂在聚氨酯泡沫塑料的生产中添加量一般仅为0.5%～1.5%，但其却扮演着重要的角色，起着增加不同物料互溶性、稳定并调节泡孔的作用[4,5]。

匀泡剂属于表面活性剂，结构中同时具有亲水和憎水基团，即其为两亲分子。组合料B组分中通常含有聚醚多元醇、催化剂、化学发泡剂水或是低沸点物理发泡剂等多种不同性质的物质。在不加入匀泡剂时，物料仅仅依靠普通的机械混合是难以实现互溶的。匀泡剂的加入可以充分利用其两亲特性使组合料中各种组分充分混合均匀，形成相对稳定的体系，尤其是在组合料中加入无机填料时效果将会更加明显。

试验通过改变匀泡剂用量来考察其对硬质聚氨酯的泡孔结构的影响。配方如表3.18所示。

表3.18　匀泡剂调整配方

组分名称	质量份
聚醚(4110)	100
催化剂(AN-127)	0.4
匀泡剂	0.5/1/1.5/2

续表

组分名称	质量份
发泡剂(水)	3
异氰酸酯指数(PAPI)	105

结果表明，匀泡剂的用量对反应时间的影响并不大，对泡孔结构的影响见图 3.7。SEM 图像表明，当匀泡剂用量较少时，体系的乳化能力相对较差，生成的聚氨酯塑料中泡沫孔径不均。随着匀泡剂添加量的上升，聚氨酯泡沫的孔径大小在逐渐上升，且大小趋于一致。当匀泡剂的添加量进一步增大时，孔径变小。试验最终将匀泡剂的用量定为 1.5 质量份。

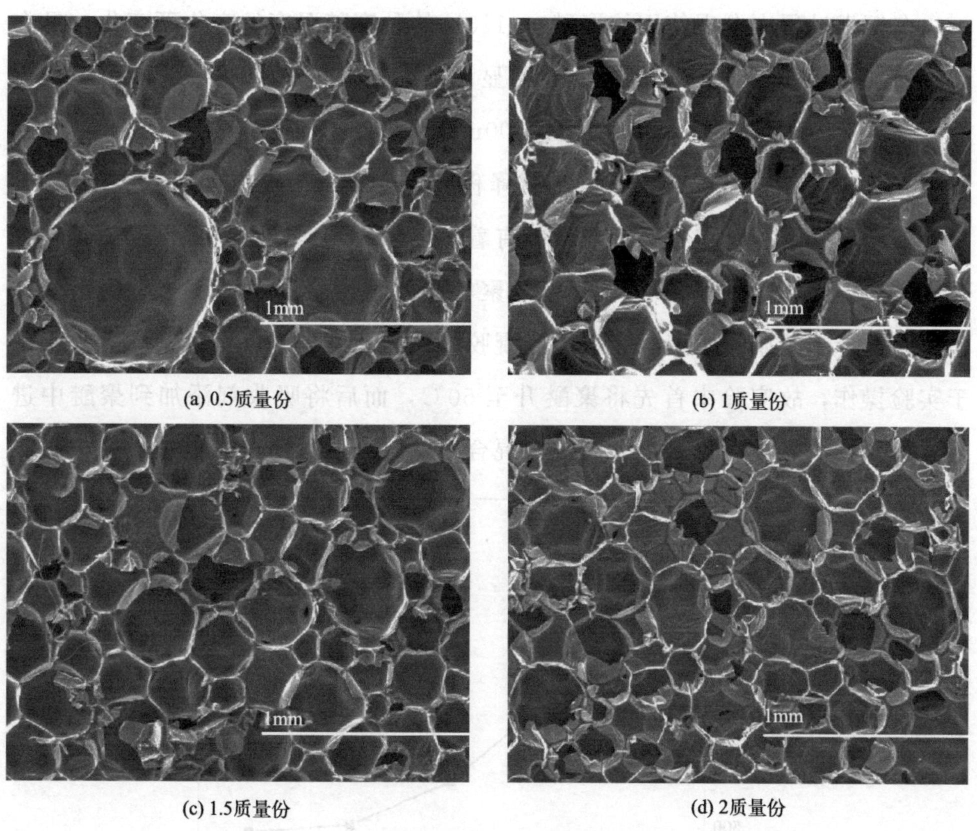

(a) 0.5质量份　(b) 1质量份　(c) 1.5质量份　(d) 2质量份

图 3.7　不同匀泡剂用量对硬质聚氨酯泡孔结构的影响

2. 硬质聚氨酯基泡沫吸波材料的制备

硬质聚氨酯基泡沫吸波材料制备的关键一步是将吸收剂添加到聚醚中。当添加吸收剂为炭黑时，由于其密度低、粒径小，在添加量为5%时，体积与聚醚的体积近乎相同，体系黏度迅速增加，无法实现吸收剂与聚醚的充分均匀混合。在使用环氧树脂做基体制备吸波涂层时，可以通过添加易挥发溶剂如二甲苯作为环氧树脂的稀释剂来解决类似问题，但是在合成硬质聚氨酯中却无法使用这类易挥发溶剂，一方面是因为实验无法使溶剂完全挥发，另一方面剩余的溶剂会作为发泡剂或增链剂参与和异氰酸酯的反应中，影响材料的制备。

在探索过程中发现使用的聚醚（4110）的黏度随温度的变化而变化，且在20～50℃内黏度随温度变化得十分明显。黏度随温度变化的结果如图3.8所示。当温度为50℃时，聚醚黏度为500mPa·s，而温度继续升高到60℃时，聚醚黏度达到480mPa·s，其数值下降程度已不显著。已有的研究表明[4]参与反应的原料温度对聚氨酯合成时间有着重要的影响，在反应条件摸索过程中也证实了，当温度升高到50℃时合成聚氨酯的速度会加快，反应时间迅速缩短，在搅拌刚开始时，聚氨酯就已经凝胶成型。此外，温度继续升高也并不利于实验操作，故实验中首先将聚醚升至50℃，而后将吸收剂添加到聚醚中进行充分搅拌，降温后再将组合料进行混合以制备硬质聚氨酯基泡沫吸波材料。

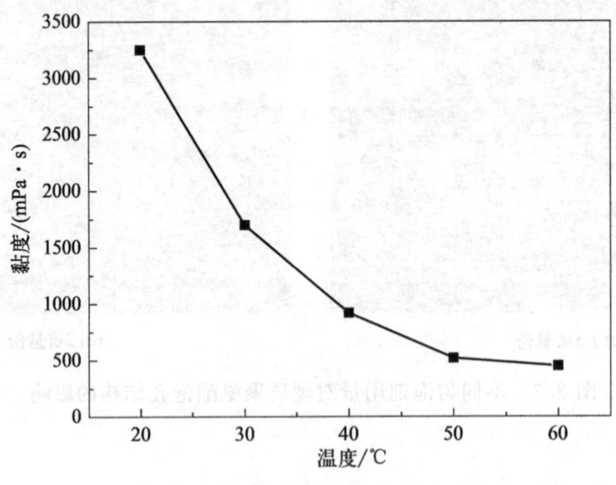

图3.8　聚醚黏度随温度变化图

吸收剂与聚醚混合的程度对于其能否均匀分散到聚氨酯基体中有着重要的影响。为将吸收剂与聚醚混合均匀，除通过温度来调整聚醚黏度外，还可以改变吸收剂在聚醚中的分散方式。实验和文献[6] 证明单纯使用机械搅拌的方式并不能使吸收剂与聚醚混合均匀，超声作用可以作为一种辅助手段与机械作用联合，达到更好的分散效果。故在本实验中利用机械-超声的方式制备硬质聚氨酯基泡沫吸波材料。

第四节
软质聚氨酯基泡沫吸波材料的制备

一、原料及设备

本章实验中使用的部分原料和设备如表 3.19 和表 3.20 所示。

表 3.19 实验原料

实验原料	生产厂家
丙烯酸树脂	广州优霓科化工产品有限公司
无水乙醇	西安三浦精细化工厂

表 3.20 实验仪器

仪器名称	型号	生产厂家
紫外-可见光分光光度计	UV-1601pc	日本岛津公司
离心机	800	江苏金坛市医疗仪器厂
接触角测量仪	DSA30	德国 KRUSS 公司
表面电位粒径仪	BDL-B 型	上海上立检测仪器厂

二、吸收剂胶液的制备

在吸收剂的种类和填充量确定的情况下，材料的吸波性能和力学性能与吸收剂在基体中的分散状态有着重要的联系，吸收剂良好的分散性有助于提高材料的力学性能[7]。为使制备的软质聚氨酯基泡沫吸波材料能够产生良好的吸波效果，必须使吸收剂尽可能均匀地分散到基体中，即便是逐层渐变形式的吸波材料，也必须使同层的吸收剂分散均匀（见图 3.9）。而为使吸收剂能够较为均匀地分散到基体中，在采用浸渍法制备吸波材料时就必须首先将吸收剂均匀地分散到所制备的胶液中。因此，首先讨论吸收剂胶液的制备方法。

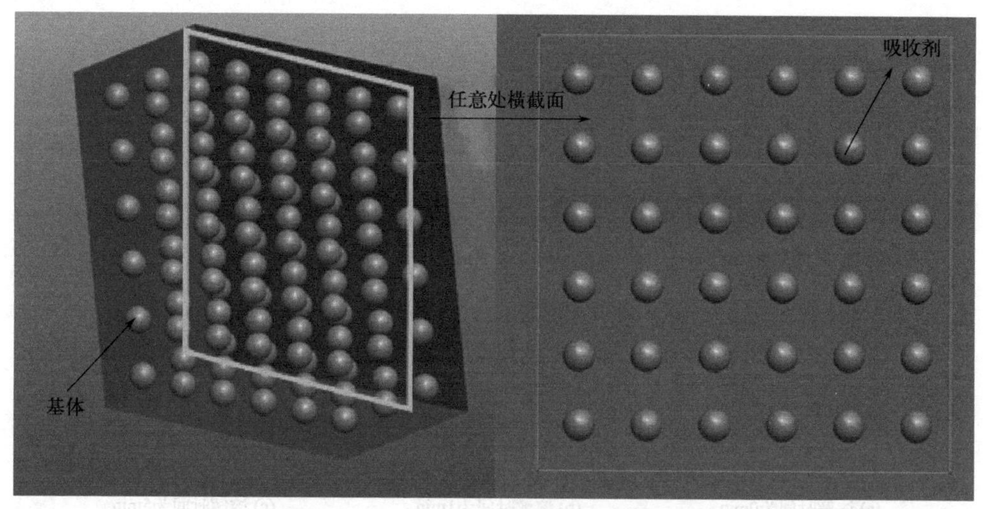

图 3.9 吸收剂均匀分布于基体的示意图

1. 胶黏剂的选择

以炭黑为吸收剂制备吸收剂胶液为例，虽然炭黑的表面含有一定量的羧基、内酯基等基团，但其为疏水性材料。为使得吸收剂和胶液在不添加其他助剂的条件下能够较为良好地接触，根据相似相溶原理，实验选用了同为疏水性材料的丙烯酸树脂和乙醇的混合液作为胶液，未采用与炭黑性质差异较大的水作为胶液，且前者具有较强的黏附性，在溶剂挥发后可以较好地附着到开孔软质聚氨酯的枝状结构上，保证基体和吸收剂良好的粘接性，防止吸收剂出现“掉粉”问题。采用自然沉降法的初步试验结果证明，在填充同等质量炭黑作为吸收剂时，乙醇溶解的丙烯酸树脂胶液对炭黑的分散性明显好于炭黑在水中的分散性，结果见图 3.10。

粒径处于微纳米级别的粒子，易因巨大的表面积和粒子之间的相互作用而出现团聚[8]。也正因此，使用乙醇溶解的丙烯酸树脂溶液作为胶液虽可以在一定程度上提高炭黑在胶液中的分散性，但是由于炭黑的粒径小、表面积大、表面势能高等原因，十分容易产生团聚现象，并不能达到使炭黑在胶液中充分均匀分散的要求。

在实验室条件下，为解决粒子团聚问题常常采用的方式有机械混合、超声

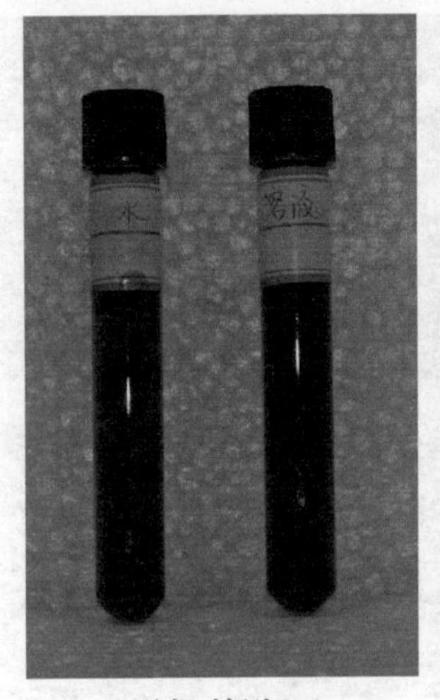

(a) 溶解时间为0min

(b) 溶解时间为1min

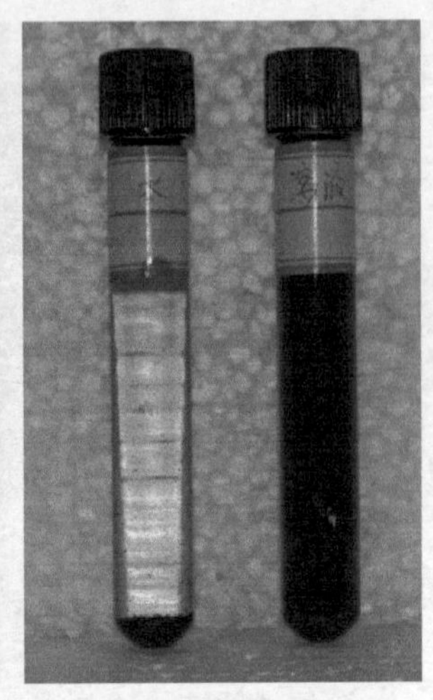

(c) 溶解时间为5min

图 3.10 CB在水及胶液中的分散性对比图

波混合、添加偶联剂等方法[9]。这里首先考察了操作和使用较为便捷的偶联剂对吸收剂在胶液中分散状态的影响。

2. 偶联剂种类及用量的确定

偶联剂是一类能够提高材料和树脂界面黏合力的物质[4]。因其分子结构中同时含有亲无机物和亲有机物基团，利用这种两亲分子的“桥梁”作用便可使得无机填料和有机基体连接起来。实验中所选用的吸收剂炭黑、碳纳米管和羰基铁均属于微纳米级的无机材料，由于其具有较大的比表面积，十分容易产生自聚现象使吸收剂的分散变得困难。为使吸收剂均匀地分散到胶液中，制备过程中需要使用偶联剂来改善其分散状态。

钛酸酯偶联剂和硅烷偶联剂是常用的两类代表性偶联剂。实验中选用市场上十分易得，且较为通用的硅烷偶联剂 KH-560 和钛酸酯偶联剂 101 作为备选偶联剂。

通常使用偶联剂处理材料的方式有预处理法、后处理法和直接加入法三种。直接加入法是直接将偶联剂和填料添加到基体中的方法，虽然效果不及预处理法，但是处理过程简单，是工业上最为常用的方法。本着简单、快捷的目的，实验中使用直接加入法制备吸收剂胶液。

为确定偶联剂的使用量，首先配制炭黑填充的丙烯酸树脂胶液。考虑到使用直接加入法添加偶联剂，故将其添加量的最低值设置为2%，而后每2%递增，即添加量为2%、4%、6%和8%。

根据相关文献[10]，首先选用接触角法评价不同偶联剂种类和含量的胶液对炭黑的浸润性，实测结果如图3.11所示。同一胶液对炭黑的浸润角的测试结果差别较大，且胶液液滴十分容易进入炭黑层间，无法准确测量浸润角大小。原因是载玻片上的炭黑颗粒之间间隙较大，且胶液对炭黑的浸润性较好。因此，这种评定胶液中炭黑分散性的方法在实际实验中效果不佳。

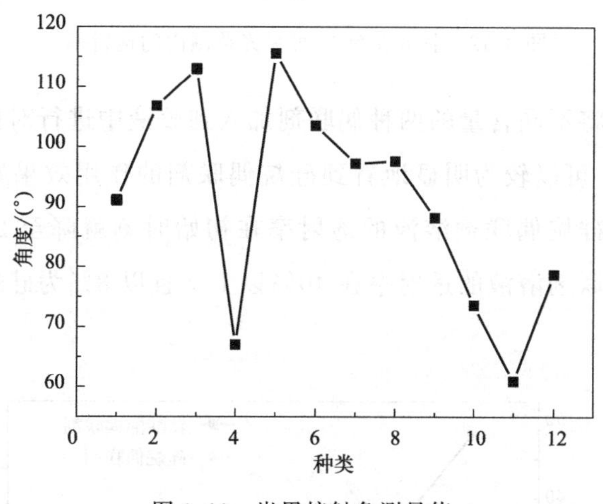

图3.11 炭黑接触角测量值

可以使用透射率法进行测试，其具体方法如下：称取定量CB和预定类型及质量的偶联剂，加入到配制好的乙醇溶解的丙烯酸树脂胶液中，分散后取固定刻度处液体0.2mL，将其用胶液稀释50倍后，利用离心机以1500r/min的转速进行离心处理，时长为5min，而后利用紫外-可见分光光度计在特定波长下测试透射率T。显而易见，T越小，表明此偶联剂含量下的炭黑在胶液中的分散性越好，反之，T越大则分散性越差。为选取测量的特定波长，在紫外-可见光范围内对乙醇溶解的丙烯酸树脂透明胶液进行了透射率扫描，得到波长（λ）-透射率（T）的图谱，如图3.12所示。

在测试范围内，乙醇溶解的丙烯酸树脂透明胶液的透射率均较大，选取600nm作为特定波长，在此波长下测定吸收剂胶液的透射率。

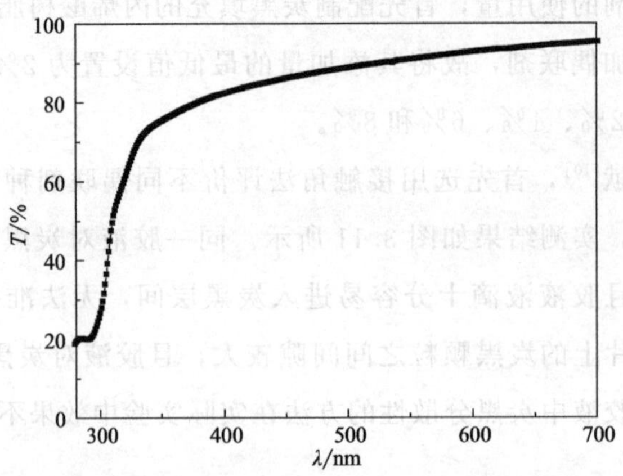

图 3.12　胶液在紫外-可见光范围内的透射率

在初始时刻将不同含量的两种偶联剂加入到胶液中进行对比，测得透射率如图 3.13 所示。可以较为明显地看到硅烷偶联剂的作用效果好于钛酸酯偶联剂的效果，添加硅烷偶联剂溶液的透射率在初始时刻就降至 25%以下，而此刻添加钛酸酯偶联剂溶液的透射率在 40%以上，且以 8%为硅烷偶联剂的相对最佳添加量。

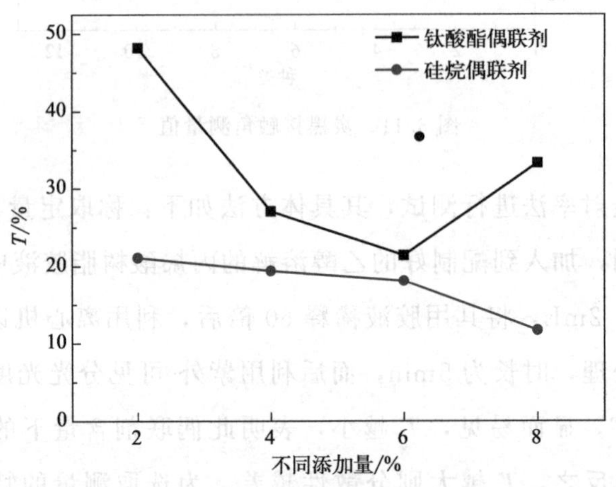

图 3.13　两种偶联剂不同添加量下的胶液透射率

通过两种偶联剂的作用机理可以分析产生前述现象的原因。对于所选用的钛酸酯偶联剂 101，是单烷氧基型钛酸酯偶联剂，结构通式可以用图 3.14 所示。由于其具有的独特结构使得其在炭黑表面只能形成单层分子膜[11]。

而硅烷偶联剂 KH-560 [γ-(2,3-环氧丙氧) 丙基三甲氧基硅烷] 的结构如图 3.15 所示。

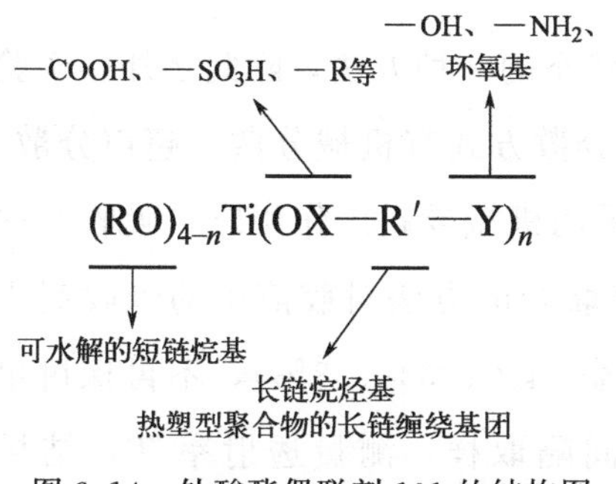

图 3.14 钛酸酯偶联剂 101 的结构图

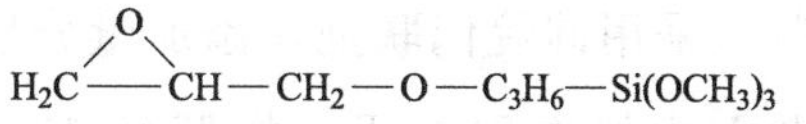

$$H_2C\overset{O}{—}CH—CH_2—O—C_3H_6—Si(OCH_3)_3$$

图 3.15 硅烷偶联剂 KH-560 的结构图

此结构中的有机环氧官能团与有机聚合物丙烯酸树脂具有亲和力，在硅烷偶联剂中处于稳定状态。根据键合理论，结构中可水解的—$Si(OCH_3)_3$ 偶联之后成为硅醇，产物缩合成为的低聚物可以与炭黑表面的羟基作用形成氢键，干燥后形成共价键，同时也可以与自身缩合，这样便在炭黑表面形成多吸附层。一方面，碳氢基团背向中性硅粒子向外伸展，炭黑粒子之间又可以形成双电层结构，产生相互排斥的作用力[12]，有利于炭黑分子之间的分散，减少团聚；另一方面，这种碳氢基团又可以与胶液中的丙烯酸基团交联缠绕(图 3.16)。此外，使用乙醇作为溶剂，乙醇与偶联剂可以形成近似于预处理

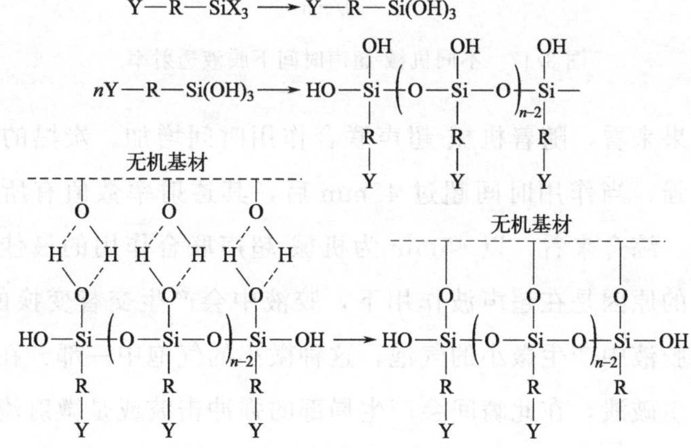

图 3.16 硅烷偶联剂的作用原理图

方法的稀释液，这对于炭黑在胶液中的分散也是十分有利的。

3. 机械-超声时长的确定

偶联剂仅是改善吸收剂在胶液中分散状态的一种方法，除此之外，实验中还必须对添加的吸收剂进行分散，常见的分散方式有机械分散、超声分散等。有关文献[13] 的实验结果已经表明，单独采用机械或超声作用时，吸收剂的分散效果并不理想。故可尝试采用机械-超声联合的方法对胶液中的吸收剂进行分散（采用硅烷偶联剂，添加量分别为 2%、4%、6%、8%），不再探讨单独分散方式的作用效果。按照每 15min 等间隔取样，测量透射率 T，结果见图 3.17。

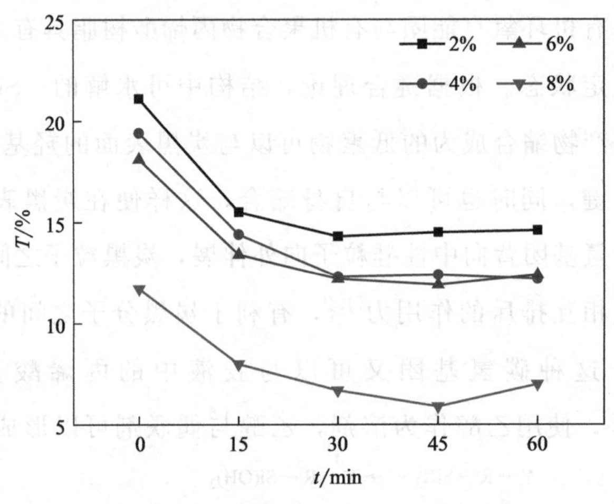

图 3.17 不同机械-超声时间下胶液透射率

从实验结果来看，随着机械-超声联合作用时间增加，炭黑的分散效果并非一直得到加强，当作用时间超过 45min 后，其透射率数值有所上升，分散效果反而下降。综合来看，以 45min 为机械-超声联合作用的最佳时长。分析产生这种现象的原因是在超声波作用下，胶液中会产生交替变换的正负压强，进而在制备的胶液中产生微小的气泡，这种微小的气泡中一部分在上升过程中逐渐变大并发生破溃，在此瞬间会产生局部的强冲击波或是微射流，可以使得发生团聚的炭黑分散开来，但是与此同时，产生的高温、高压和振动也会增加本已分散开的炭黑粒子之间重新聚合的概率，随着作用时间的延长，超声的能量转变为声能和热能的趋势加强，后者的作用效果会进一步加强[14]。故本实验最终确定机械-超声作用的时长为45min。

炭黑的粒径分布情况在一定程度上反映其在胶液中的分散情况，粒径越小，分散稳定性越好。实验将0.5g炭黑添加到丙烯酸树脂溶液中，采用机械-超声作用的方式处理45min，取制备的胶液均匀涂覆于载玻片上，40℃条件下在鼓风干燥箱中烘干，而后利用表面电位粒径仪测量炭黑的粒径分布。在测试范围内观察，得到其粒径分布（图3.18）。

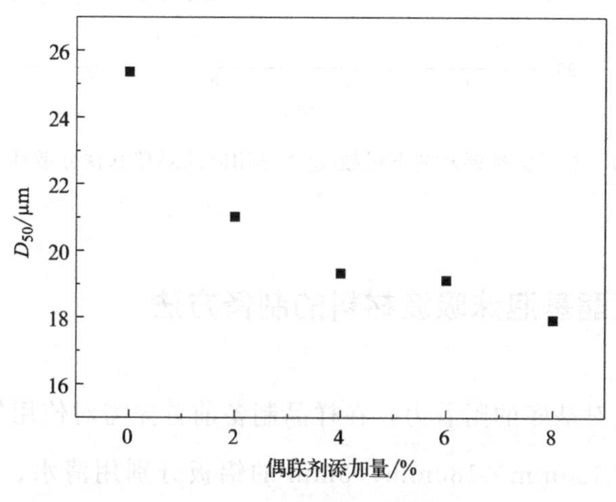

图3.18　炭黑粒径分布图

实验结果显示，随着硅烷偶联剂用量的增加，炭黑的粒径逐渐减小，并在8%时取得了最小值。当然，这种分析方法在一定程度上存在缺陷，即所观察的区域带有随机性，每次测量值可能存在差异，但是其在一定程度上可以反映粒径的分布状态。实验结果从侧面证明了上述实验结论的正确性。

通过上述实验结果分析，最终确定实验所用的偶联剂种类为硅烷偶联剂，其最佳添加量为8%，机械-超声的作用时长定为45min。

由于碳纳米管和炭黑同属纳米级碳材料，故实验在偶联剂使用和机械-超声处理时间上采用同样的方法。羰基铁的实验结果如图3.19所示，最终确定其偶联剂使用种类为硅烷偶联剂，添加量为6%，机械-超声作用时间为30min。

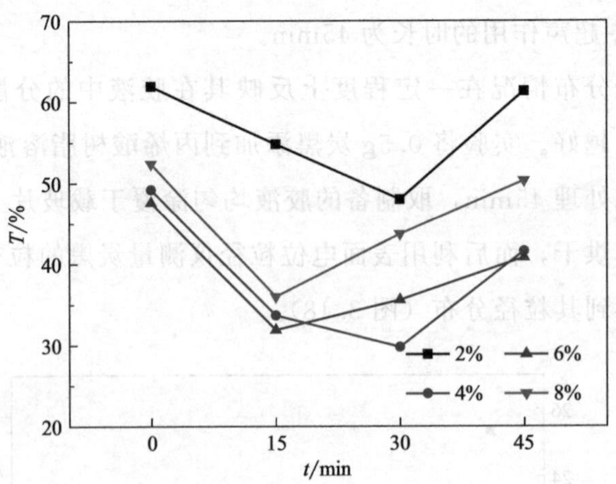

图 3.19　不同含量偶联剂下机械-超声作用时间对羰基铁分散性的影响

三、软质聚氨酯基泡沫吸波材料的制备方法

为提高样品对基底的附着力，在样品制备前首先需对使用的金属铝板进行如下预处理：将 180mm×180mm×3mm 的铝板分别用清水、无水乙醇洗净，烘干待用。

样品制备步骤如下：

① 按照优化好的质量称取吸收剂、丙烯酸树脂、偶联剂和无水乙醇；

② 将丙烯酸树脂溶于无水乙醇中，充分搅拌至溶解为透明均一的溶液，待用；

③ 将吸收剂和一定量的偶联剂加入到用乙醇溶解的丙烯酸树脂胶液中，充分搅拌并超声，制得吸收胶液；

④ 将软质聚氨酯浸泡于上一步制备的胶液中，提拉后滤液，而后再次浸渍，最后排掉多余胶液，并置于 40℃真空干燥箱中烘干；

⑤ 将烘干的软质聚氨酯基泡沫吸波材料按照规定尺寸进行加工，用毛刷蘸取少量无水乙醇均匀涂覆于铝板和聚氨酯 180mm×180mm 的一面，将两者贴合，最后放入真空干燥箱中干燥，得到样品即可进行吸波性能测试。

实验制备的部分软质聚氨酯基泡沫吸波材料的最终实物如图 3.20 所示。

图 3.20　部分软质聚氨酯基泡沫吸波材料的最终实物图

第五节
吸波材料的表征方法

一、吸收材料的电磁参数分析

利用同轴法可以通过一次制样在 2～18GHz 范围内测定吸波材料样品的电磁参数，方法简便、快捷，且通过改变吸收剂在同轴样品中的含量可以测定对应的电磁参数数值。实验中利用此法对试样进行了测试。

根据测试样品的规格要求，制备外半径为 7mm、内半径为 3mm、长度为 2～5mm 的样品进行测试，其中采用透波的石蜡为基材，将其与吸收剂按照设定的质量比混合均匀后倒入模具中压制，成型后脱模，最后得到如图 3.21 所示的中空圆柱体，即同轴测试样。

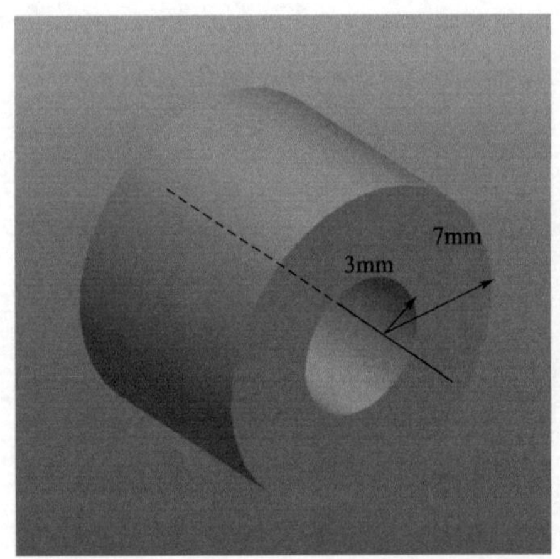

图 3.21　实验同轴样图

二、雷达反射率测试方法

采用弓形法测试系统[15] 对吸波混凝土的吸波性能——反射率进行测试。

1. 混凝土板待测试件

选用尺寸为 180mm×180mm×t（厚度，mm）的混凝土板试件进行吸波性能试验。对于吸波剂掺量对混凝土吸波性能的研究，选取 t 为 25mm 的板进行。对于板厚度对混凝土吸波性能影响的试验研究，选取 t 作为变量，取 15mm、25mm、35mm、45mm；以上试验，每组测量 3 个板试件以表征吸波混凝土板的吸波性能。

2. 测试系统

弓形法测试系统主要先由弓形支架和 Agilent83624B 信号源、安捷伦网络分析仪等设备组成弓形轨道，再与 LD-10-26500-P-S 检波器、安立 S331D 驻波比测量仪、发射与接收喇叭天线（BHA9118 标准喇叭）、锥形吸波海绵和测试台组成整套系统，如图 3.22 所示。

图 3.22　弓形法测试系统

3. 测试方法及原理

弓形测试法主要是根据吸波材料在不同的极化方式和入射角度下具有不同的吸波性能，设计了弓形框架，用以设置入射角度。首先保证标准板处于框架圆心，并测量标准板的反射率，之后用吸波混凝土板代替标准板，得到对应吸波混凝土板的反射率，图 3.23 为混凝土板置于测试台的照片。

图 3.23　吸波混凝土板现场放置照片

三、其他性能测试

1. 流动度试验

拌合后浆料的流动度测量方法应参照 GB/T 2419—2005[16]《水泥胶砂流动度测定方法》中的跳桌法，试验现场如图 3.24 所示。具体流程如下：

图 3.24　水泥基材料流动度试验现场

① 润湿跳桌台、试模内壁等需与水泥基材料接触的用具，并将试模置于

台面中央；

② 之后，将浆料分两层迅速装入试模，第一层装至试模约 2/3 高度处，并用小刀刮毛处理，并用捣棒从试模边缘向中心捣压 15 次，随后装第二层浆料，至浆料高出试模约 20mm 时停止，并用小刀刮毛，再次用捣棒捣压 10 次至浆料略高于试模；

③ 捣压完毕后，取下模套，随后将模套向上提起，并开动跳桌，以 1 次/s 的频率完成 25 次跳动；

④ 最后，测量互相垂直的两个方向的直径，并取其平均值作为浆料的流动度。

2. 力学性能试验

试件的力学性能等物理指标参考 GB/T 17671—2021[17]《水泥胶砂强度检验方法（ISO）》进行测试。首先，制备棱柱体试件，试件尺寸为 40mm×40mm×160mm（一组试验三个试件）。完成每个试件的抗折强度测量后，测量折断后半试块的抗压强度。

（1）抗折强度试验

如图 3.25 所示，将棱柱体试块一侧放置于试验台上，并通过圆柱进行支撑，使用 YAW-600C 微机控制电液伺服万能试验机采取三点加载的方式以 50N/s±10N/s 的速率将荷载施加在棱柱体试件上，直至试件折断后并记录该试件的荷载值。

图 3.25　棱柱体抗折强度试验

棱柱体试块的抗折强度以 R_f（单位为 MPa）表示，并按照式（3.1）进行计算：

$$R_f = \frac{1.5F_f L}{b^3} \tag{3.1}$$

式中　F_f——试件折断时所施加的荷载值，N；

L——支撑点间的距离，mm；

b——40mm×40mm×160mm 试块截面的边长，mm。

每组配合比取三个棱柱体试件强度的平均值作为试验结果。

(2) 抗压强度试验

取抗折强度试验结束后折断的棱柱体半试块，使用 YAW-600C 微机控制电液伺服万能试验机进行抗压强度测量，受压面积为 40mm×40mm。在硫酸盐侵蚀试验中，使用 YAW-3000 微机控制电液压力试验机进行立方体试块的抗压强度测量。试块的放置及加载设置如图 3.26 所示。测试过程中，以 2.4kN/s 的速率加载至试件破坏。抗压强度 R_c 以 MPa 为单位，按照式 (3.2) 计算：

$$R_c = \frac{F_c}{A} \tag{3.2}$$

式中 F_c——破坏时的最大荷载值，kN；

A——受压部分面积，mm^2。

每组配合比取三个棱柱体半试件抗压强度的平均值作为试验结果。

(a) 棱柱体半试块抗压强度测量

(b) 立方体试块抗压强度测量

图 3.26 抗压强度试验

3. 抗冻融性能试验

吸波混凝土的抗冻融性能试验主要参照 GB/T 50082—2024《混凝土长期

性能和耐久性能试验方法标准》中的快冻法[18] 开展，快速冻融试验机型号为KDR-A5。具体的试验步骤如下：

① 试件尺寸为100mm×100mm×400mm，浇筑完成后覆膜24h，24h后脱模；将试件放于蒸汽养护箱内养护3d，然后移入18～20℃的水中浸泡4d，并保证水面高出试件2～3cm，如图3.27所示。随后进行试件抗冻融性能的测试。

② 制备装有测温传感器的试件，把试件放置于标准试件盒内，并将其所在的试件盒置于冻融箱的中心，启动机器开始冻融试验，根据规范，在冻融过程中该测温试件中心的最低温度和最高温度应控制在（−18±2)℃和（5±2)℃。

③ 试件每隔25次（−15℃下冻结4h，10～20℃下融化2h算一次）循环作一次冻融参数的测量，取出试件并使用干净抹布除去表面水分，并现场测量试件的动弹性模量。随后，放回试件盒继续进行冻融循环试验。在200次之后，每50次冻融循环后测量一次混凝土试块的动弹性模量。

④ 当达到300次设计冻融次数时，停止试验。

(a) KDR-A5快速冻融试验机

(b) 混凝土试块冻融循环试验

图3.27　混凝土冻融循环试验

4. 抗硫酸盐侵蚀性能试验

吸波混凝土试件的抗硫酸盐侵蚀性能试验参照规范GB/T 50082—2024《混凝土长期性能和耐久性试验方法标准》[18] 中的方法进行。每组制备3块100mm×100mm×100mm的立方体混凝土进行试验。具体的抗硫酸盐侵蚀性能试验步骤如下：

① 首先试件在3d蒸汽养护后，移入标准养护室继续养护4d。在进行干湿循环试验前，将试件从养护室取出并擦掉其表面水分，并放入约80℃的烘箱中烘干2d，并冷却至室温。

② 随后，在试件盒内配制5%（质量分数）Na_2SO_4溶液，并确保溶液液面应高出试件表面2cm以上，如图3.28所示。从试件放入溶液计时，每次循环中浸泡持续时间为（15±0.5）h。浸泡结束后，应及时取出样品，并将其风干30min。风干结束后，应将试件放入80℃烘箱内进行总时长为6h的烘干，随后进行2h的室温下冷却。

③ 随后再次放入硫酸盐溶液中开展下一循环，即干湿循环的总时间应为（24±2）h。在前90d，每15次干湿循环后测量混凝土试件的质量和抗压强度；在90d后，每30次干湿循环测量一次混凝土试件的质量和强度。

④ 当干湿循环次数达到150次时停止试验，并开展150次循环后试件抗压强度的测量，确定抗压强度耐蚀系数K_f（n次干湿循环后抗压强度与标准养护后试件抗压强度的比值）。

图3.28 混凝土浸泡在硫酸盐溶液中

5. 导电性能试验

吸波混凝土的电阻率使用二电极法[19]进行测量，如图3.29所示。取每组配合比力学性能试验所用的40mm×40mm×160mm棱柱体试件进行电阻率测量，每组测量3次，取3次平均值作为吸波混凝土的电阻率。测试过程中，将两片铜电极与试件两端紧密接触，连接电源和万用表测量试件的电阻率。

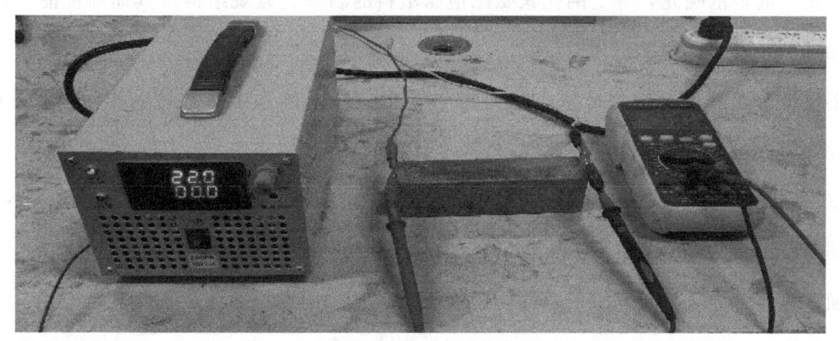

图 3.29　二电极法测定混凝土试件电阻率

6. 导热性能试验

使用西安夏溪电子科技有限公司的热线法固体导热系数仪（TC3200）对吸波混凝土的导热系数[20] 进行测定，仪器的照片见图 3.30。样品尺寸取边长为 4cm、高度为 1～2cm 的小混凝土试件，每个配合比取两个样品。

图 3.30　TC3200 热线法固体导热系数仪

开始测量前，先进行干燥处理；测量时将两个待测试件取出，放入导热系数仪的测温腔内，堆叠放置，并将热线置于两个待测样品之间。之后再将 500g 砝码置于试件顶部，保证中部热线与试件接触面紧密接触，并封闭测温腔；随后启动仪器，打开导热系数检测软件，开始热平衡检测，当温度波动小于 0.1℃时，开始导热系数测量，每组试件重复 3 次，取 3 次平均值作为导热系数值。

参考文献

[1]　徐培林，张淑琴．聚氨酯材料手册（第二版）[M]．北京：化学工业出版社，2011.

[2]　吴叔青．导电型聚氨酯海绵的研制 [D]．长沙：湖南大学，2002.

[3]　王盛蕊．聚氨酯多孔材料配方设计及其吸声性能研究 [D]．哈尔滨：哈尔滨工业大学，2011.

[4]　刘益军．聚氨酯原料及助剂手册（第二版）[M]．北京：化学工业出版社，2012.

[5] 潘恒太，张广成，范晓龙，等．网化聚氨酯泡沫塑料的制备、微观结构及其储油性能 [J]. 工程塑料应用，2013，41 (8)：14-19.

[6] 李娟，姜世杭，顾卿赟．物理分散方法对纳米碳化硅在水体系中分散性的影响 [J]. 电镀与涂饰，2011，30 (8)：21-23.

[7] Chopra S，Alam S. Fullerene containing polyurethane nanocomposites for microwave applications [J]. Journal of Applied Polymer Science，2013，128 (3)：2012-2019.

[8] 蔡伟．钡铁氧体分散行为及其对磁学性能影响研究 [D]. 西安：西北工业大学，2007.

[9] 李凤生，杨毅，马振叶，等．纳米功能材料复合材料及应用 [M]. 北京：国防工业出版社，2003.

[10] 陈林根，方文军．工程化学基础（第二版）[M]. 北京：高等教育出版社，2005：246.

[11] 严冰，邓建如，吴叔青．炭黑/聚氨酯泡沫导电复合材料的开发 [J]. 化工新型材料，2002，30 (9)：26-29.

[12] 赵慎强，洪若瑜，王益明，等．炭黑的分散性对抗静电涂层导电性能的影响 [J]. 材料导报 B：研究篇，2012，26 (5)：64-69.

[13] Zhu G S，Xia F W. Application of titanate coupling agent in the coating [J]. Paint Coat Industry，2003，33 (8)：46.

[14] 魏蓉，严青松，芦刚．超声作用对短切碳纤维在水溶液中分散性的影响 [J]. 高科技纤维与应用，2014，39 (3)：40-45.

[15] 何柳，平兵，吕林女，等．复掺纳米 TiO_2 吸波剂和吸波功能集料的电磁吸波混凝土 [J]. 功能材料，2018，49 (01)：1173-1177，1182.

[16] 中华人民共和国国家质量监督检验检疫总局，中国国家标准化管理委员会．水泥胶砂流动度测定方法：GB/T 2419—2005 [S]. 北京：中国标准出版社，2005.

[17] 国家市场监督管理总局，国家标准化管理委员会．水泥胶砂强度检验方法（ISO 法）：GB/T 17671—2021 [S]. 北京：中国标准出版社，2021.

[18] 中华人民共和国住房和城乡建设部，国家市场监督管理总局．混凝土长期性能和耐久性能试验方法标准：GB/T 50082—2024 [S]. 北京：中国建筑工业出版社．

[19] 李天鹏，高欣宝．二电极法在导电水泥电阻测试中的应用研究 [J]. 科学技术与工程，2007 (21)：5717-5719，5726.

[20] 伟平，童菲，邢益善，等．混凝土导热系数的试验研究与预测模型 [J]. 建筑材料学报，2015，18 (02)：183-189.

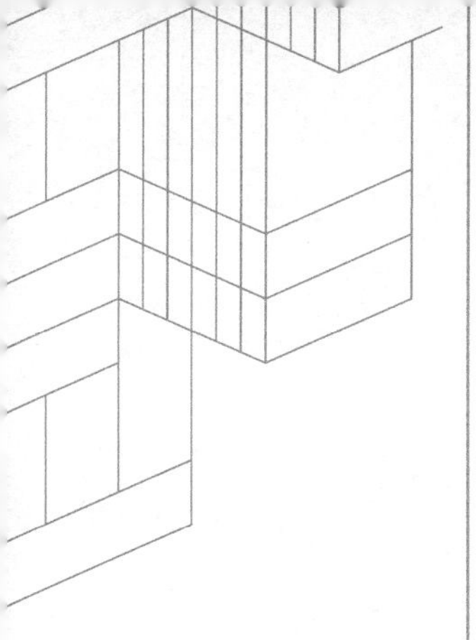

第四章

碳纤维吸波混凝土材料性能研究

第一节
普通混凝土的吸波性能

经过弓形法测试后发现，在不添加吸波剂的情况下，普通混凝土也具备一定的吸波能力。分析表明，粉煤灰中含有大量的 Fe^{3+} 和 Fe^{2+}，铁离子富集在混凝土中，使混凝土有了电磁消耗的物质基础，同时粉煤灰具有较高的介电常数，能够通过介电损耗吸收一定波段的电磁波[1]。

图 4.1 展示了不同厚度超高性能混凝土板对 2～18GHz 波段内电磁波的反射率。由图 4.1 可见，不同厚度的同一材料对电磁波（雷达波）的反射率不同，反射率值随频率的增长而升高。在 2～8GHz 波段内，15mm 厚度的混凝土板的反射率在 5GHz 时出现最小值，达到 －7.8dB，说明在该波段内，15mm 厚度的混凝土板相对来说具有较好的吸波性能，但是总体来说，各厚度混凝土板的吸波性能差距不大，且反射率均小于 －10dB。整体上，在 2～8GHz 波段范围内，15mm 和 45mm 厚度的混凝土板具有较好的吸波性能。2～8GHz 段电磁波的波长范围是 150～37.5mm，波长跨度大，对于试验中

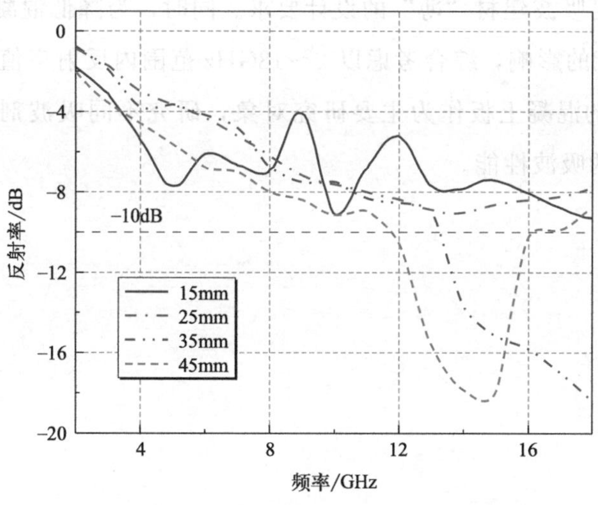

图 4.1　不同厚度超高性能混凝土板的吸波性能

选用的 15～45mm 的厚度范围，无法完全覆盖该波段的电磁波波长。因此，混凝土板厚度的变化在 2～8GHz 波段内，对雷达波的反射率影响不大。

随着电磁波频率的增加，不同厚度的板对电磁波的反射率呈单调降低趋势，即吸波性能逐步增强。另外，从图 4.1 中可以看出，25mm 厚度的混凝土板与 35mm 厚度的混凝土板在 2～12GHz 波段雷达波反射率数值相似。然而，当电磁波增加到 12GHz 时，35mm 厚度的混凝土板的反射率迅速降低，反射率最小值降低至－18.3dB，反射率低于－10dB 的带宽范围为 14～18GHz，带宽为 4GHz。45mm 厚度的板在 11.81～15.99GHz 波段内反射率降低幅度明显，均低于－10dB，带宽为 4.18GHz，最小反射率达到－18.36dB。这主要是因为 8～18GHz 段电磁波的波长为 37.5～16.7mm，波长跨度较小，不同厚度的混凝土板均能进行较好的覆盖。根据试验结果可知，增加混凝土板材的厚度可以提高混凝土板的吸波性能，在达到 35mm 以上时，混凝土板对高频波段的电磁波具有较好的吸收作用。黄煜镔、戴银所[2,3] 等人的研究表明混凝土板在 1～4GHz 波段中吸波性能较差，随着电磁波频率的提高，30mm 厚度的混凝土板在高波段吸波性能较好，与本书试验结果相符。

综上所述，考虑到当混凝土板的厚度从 25mm 增加到 35mm 时，改性水泥基板的吸波性能明显提高。但混凝土板过厚不能很好地满足实际工程中的应用，也不能满足吸波建材“薄”的设计要求。同时，为降低混凝土板厚度对混凝土板吸波性能的影响，综合考虑以 2～18GHz 范围内反射率值均小于－10dB 的 25mm 厚度的混凝土板作为主要研究对象，研究不同吸波剂种类和掺量的改性混凝土板的吸波性能。

第二节 碳纤维吸波混凝土的吸波性能

一、不同碳纤维掺量的混凝土板的吸波性能

碳纤维作为吸波材料，其吸波机理以介电损耗为主。碳纤维混凝土板吸波能力强弱与载体的电导率有关[4]，而电导率受到碳纤维体积掺量的影响。

为了对比碳纤维的掺量（以体积分数计，下同）对改性水泥基材料吸波性能的影响，选用25mm厚度的无吸波剂掺加的混凝土板作为对照组（0.0%）开展试验。从图4.2中可见，在2～18GHz频段内，不同碳纤维体积掺量的吸波混凝土板的反射率值均随频率的升高而减小，即吸波性能均有提升。在2～8GHz频段内，掺量为0.1%的碳纤维混凝土板的反射率值均小于其他2组，吸波效果优于其他2组，但是差距并不大，提升效果不明显。这主要是因为碳纤维的电磁波损耗机理是通过电磁波在碳纤维的导体表面产生电流，造成涡流损耗。随着电磁波频率的增加，电磁波的损耗增大。因此在低频率下，碳纤维对吸波混凝土的吸波性能提升并不明显。

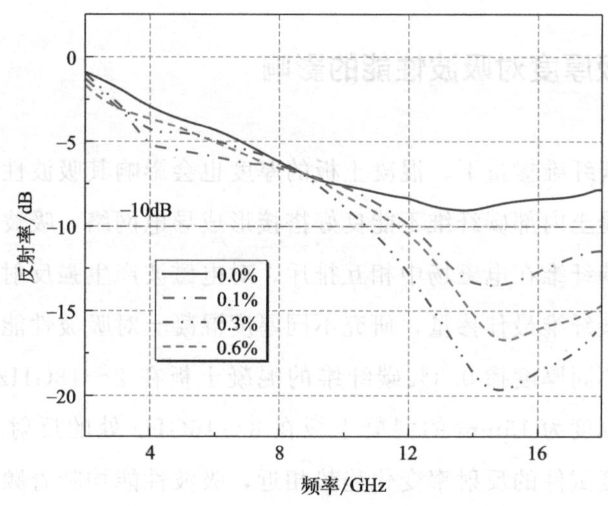

图4.2 不同碳纤维掺量混凝土板的吸波性能

在 8～18GHz 频段内，三种掺量的混凝土板的反射率随频率的变化规律相同，均在 14～16GHz 频段范围出现了最小反射率。0.1%和 0.6%掺量的混凝土板的反射率小于－10dB 的带宽相近，0.1%掺量的有效带宽范围为 12.13～18.00GHz（带宽达 5.87GHz），最小反射率在 14.94GHz 处，大小为－13.47dB；0.6%掺量的混凝土材料的有效带宽范围为 11.65～18.00GHz（带宽达 6.35GHz），最小反射率在 15.03GHz 处，大小为－16.68dB。0.3%碳纤维掺量的混凝土板的有效带宽范围最广，为 10.76～18.00GHz（带宽达 7.24GHz），在 14.46GHz 处反射率值达到最小，大小约为－19.45dB。由图 4.2 可见，0.3%碳纤维掺量的混凝土板吸波效果最优，吸波带宽最大。

分析碳纤维掺量对碳纤维混凝土（CFRC）吸波性能的影响，一定长度的碳纤维可作为谐振子，在外磁场作用下产生谐振感应电流，以衰减电磁波能量。当碳纤维掺量较多时，碳纤维会在混凝土内部相互靠近，形成导电网络，碳纤维间相互排斥，电场相互叠加，会对电磁波产生强反射作用，不利于吸波性能的提升。而对于低掺量短切碳纤维，其在混凝土内部随机分布，不易形成连续传导电流[5]。虽然 0.6%掺量的碳纤维混凝土板也具有较好的吸波性能，但是考虑到碳纤维分布的随机性，可能会造成高掺量下的碳纤维混凝土板产生强反射作用，不利于吸波性能的改善。同时考虑经济性，0.3%掺量的碳纤维吸波混凝土具有较好的综合性能。

二、混凝土板厚度对吸波性能的影响

在合适的碳纤维掺量下，混凝土板的厚度也会影响其吸波性能。混凝土板过厚，导致混凝土内部碳纤维不能良好搭接形成导电网络，吸波效果下降；混凝土板过薄，碳纤维在电磁场中相互排斥，对电磁波产生强反射，吸波效果不佳。本节结合碳纤维最佳掺量，研究不同厚度混凝土对吸波性能的影响。

图 4.3 为不同厚度掺 0.3%碳纤维的混凝土板在 2～18GHz 处的反射率。总体上，除了厚度为 15mm 的混凝土板在 8～16GHz 处的反射率会出现波动外，其他各厚度试件的反射率变化趋势相近，吸波性能均随着频率的增加而提高。在 2～8GHz 电磁波频段范围，不同厚度的混凝土板的反射率相近，吸波

效果均不理想。当频率增加到 12GHz 时，25mm 以上厚度的混凝土板的反射率均小于－10dB，吸波效果良好。随着电磁波频率的继续增加，35mm 厚度的混凝土板的吸波效果逐渐下降，并弱于 25mm 厚度的混凝土板，但是同时 45mm 厚度的混凝土板的反射率值继续减小，展现较为优异的吸波性能。

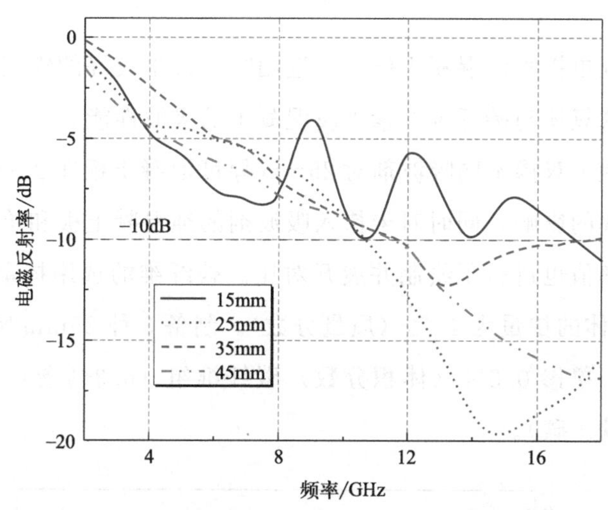

图 4.3 不同厚度的 0.3%掺量碳纤维混凝土板的反射率

25mm 厚度混凝土板的有效带宽在 11.65～18.00GHz（带宽达 6.43GHz），45mm 厚度的混凝土板小于－10dB 反射率的带宽范围在 11.57～18.00GHz（带宽达 6.35GHz），而 35mm 的混凝土板小于－10dB 反射率的带宽范围在 11.73～17.36GHz（带宽达 5.63GHz），不满足前期设计目标。由此可见，对于掺入 0.3%碳纤维的混凝土板，在 8～18GHz 波段内电磁波的吸收在 25mm 及 45mm 的厚度板均能实现较好的吸波效果，但 15mm 厚度的混凝土板在 S～Ku 波段吸波效果不明显，35mm 厚度混凝土板不能满足吸波带宽设计要求。综合考虑吸波效果、吸波带宽和经济指标，25mm 厚度混凝土板具有更好的综合性能。

第三节 铁氧体与碳纤维双掺吸波混凝土的吸波性能

结合碳纤维单掺吸波混凝土研究，选用吸波效果较好的铁氧体与碳纤维混合掺杂，探究铁氧体与碳纤维双掺吸波混凝土的吸波性能。

图 4.4 展示了双掺不同吸波剂对 25mm 厚度混凝土板在 2～18GHz 频段内的电磁波反射率的影响，同时对未掺入吸波剂的纯混凝土板和单掺碳纤维的混凝土板的反射率值也进行了绘制并展开对比。碳纤维的选用掺量为 0.3%（体积分数），铁氧体的掺量为 10%（质量分数）。制备 3 种 25mm 吸波混凝土板，分别为控制组、单掺 0.3%（体积分数）碳纤维组（0.3%碳）和铁氧体＋碳纤维双掺组（铁＋碳）。

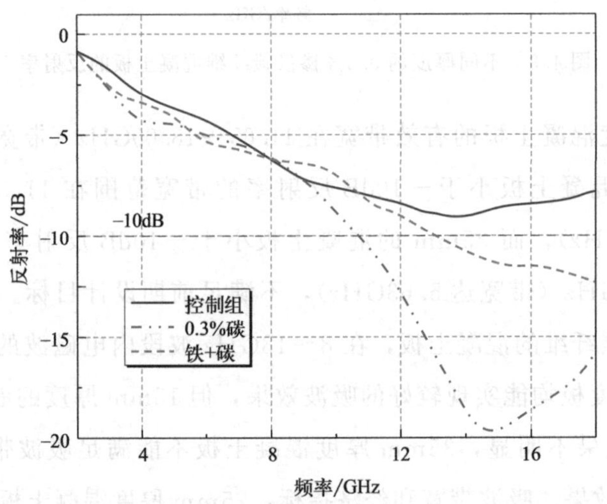

图 4.4　25mm 厚度掺杂不同吸波剂混凝土板的吸波性能

总体上，双掺组试件的吸波性能随频率的增加有所提升，但是吸波性能的提升均较低，吸波剂的吸波效果并未完全发挥出来。在 2～12GHz 频段内，铁＋碳组的吸波效果略优于纯混凝土板的吸波效果，和 0.3%（体积分数）碳纤维掺量组相比吸波效果不佳，但差距不大。在 12GHz 以上，双掺组的吸波性能优于纯混凝土板，铁＋碳组－10dB反射率的带宽范围在13.10～18.00GHz(带宽达4.90GHz)，反射率最小值为－12.8dB。然而碳纤维单独掺加到水泥基材料中，其吸波性能均优于双掺组，这说明了吸波剂的混合并没有提高水泥基复合吸波材料的吸波性能。通过查阅文献，双掺吸波混凝土的吸波性能相对于吸波剂的单掺会有所降低，其中的主要原因可能是在电磁波进入混凝土过程中，吸波材料的改变，导致碳纤维和铁氧体阻抗不匹配，混凝土透波能力下降，进而导致电磁反射率的增加[6]；从电磁损耗角度分析：两种吸波剂复掺后，导电粒子或者导电纤维两两间距减小，形成电子隧道跃迁，或者两两相互接触形成导电通道，导电网络得以逐渐完善，使得整体混凝土对雷达波的反射效果增强，致使材料的吸波性能降低。单掺和双掺吸波混凝土板的吸波性能如表4.1所示。

表4.1　吸波剂单掺和双掺吸波混凝土板吸波性能指标汇总表

<table>
<tr><th>组别</th><th>掺量</th><th>有效吸波频段</th><th>带宽≥6GHz</th><th>组别</th><th>厚度/mm</th><th>有效吸波频段</th><th>带宽≥6GHz</th></tr>
<tr><td rowspan="4">控制组(厚度25mm)</td><td rowspan="4">0</td><td rowspan="4">0GHz</td><td rowspan="4">否</td><td rowspan="4">控制组</td><td>15</td><td>0GHz</td><td>否</td></tr>
<tr><td>25</td><td>0GHz</td><td>否</td></tr>
<tr><td>35</td><td>13.34～18.00GHz(4.66GHz)</td><td>否</td></tr>
<tr><td>45</td><td>11.81～15.99GHz(4.18GHz)</td><td>否</td></tr>
<tr><td rowspan="4">碳纤维(厚度25mm)</td><td>0.1%(体积分数)</td><td>12.13～18.00GHz(5.87GHz)</td><td>否</td><td rowspan="4">碳纤维(体积分数为0.6%)</td><td>15</td><td>0GHz</td><td>否</td></tr>
<tr><td>0.3%(体积分数)</td><td>10.76～18.00GHz(7.24GHz)</td><td>是</td><td>25</td><td>11.65～18.00GHz(6.35GHz)</td><td>是</td></tr>
<tr><td>0.6%(体积分数)</td><td>11.65～18.00GHz(6.35GHz)</td><td>是</td><td>35</td><td>11.73～17.36GHz(5.63GHz)</td><td>否</td></tr>
<tr><td colspan="3"></td><td>45</td><td>11.57～18.00GHz(6.43GHz)</td><td>是</td></tr>
<tr><td>铁＋碳(厚度25mm)</td><td>10%(质量分数)铁氧体＋0.3%(体积分数)碳纤维</td><td>13.10～18.00GHz(4.9GHz)</td><td>否</td><td colspan="4"></td></tr>
</table>

第四节 碳纤维吸波混凝土的其他性能

碳纤维既具有纤维材料良好的抗拉、抗裂及耐久性能，又具有碳材料优异的导电导热性能。在水泥基材料内掺入碳纤维，混凝土的力学性能、耐久性能及导电导热性能也会受到影响。因此，在碳纤维最佳掺量和混凝土板最佳厚度（最优配合）的基础上进一步，研究了碳纤维吸波混凝土的力学性能、耐久性能及导电导热性能。

一、碳纤维吸波混凝土的力学性能

根据试验流程，对不同配合比的试样进行力学性能试验，试块抗折强度和抗压强度及强度折减率（相较于控制组，强度值的降低率）如表 4.2 所示。

表 4.2 试验组混凝土强度数据表

组别	抗折		抗压	
	抗折强度/MPa	强度折减率/%	抗压强度/MPa	强度折减率/%
控制组	23.8	0.00	122.7	0.00
0.3%(体积分数)碳	22.5	5.46	109.3	10.92
铁+碳	18.8	21.01	104.9	14.48

抗折强度和抗压强度取三个试块的强度的平均值。由表 4.2 可以看出，相较于其他改性吸波混凝土，控制组的力学性能较好，即掺入不同种类的吸波剂后，改性水泥基复合吸波材料的力学性能有所下降。

1. 碳纤维吸波混凝土

在 0.3%体积掺量下，碳纤维吸波混凝土的抗折强度有所下降，强度折减率达 5.46%，但整体上影响不明显，如图 4.5 所示。同时，改性混凝土的抗压强度相比控制组混凝土也有所下降，强度折减率达 10.92%。这主要是碳纤维的加入会在混凝土的搅拌过程中引入空气，进而在碳纤维周围产生未密实的孔隙，导致改性混凝土材料内部的密实度和力学性能的降低[7]。

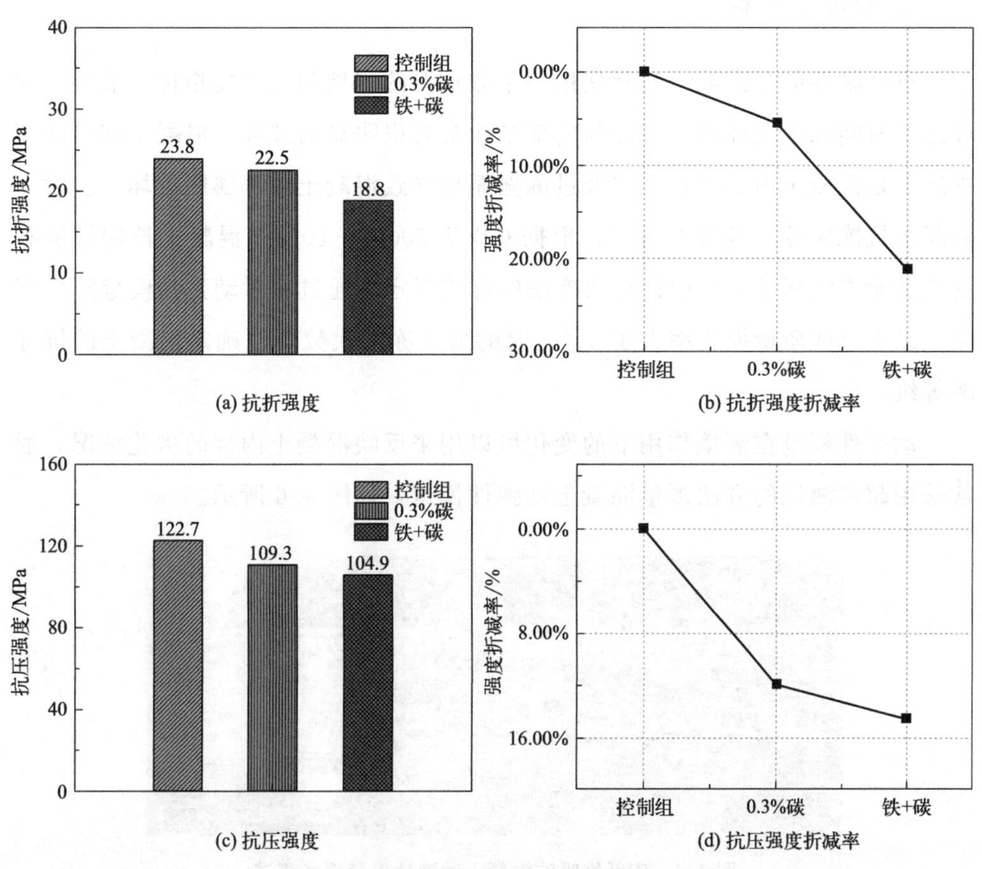

图 4.5　最优配合碳纤维吸波混凝土的力学性能

2. 铁氧体与碳纤维双掺吸波混凝土

当采用 0.3%（体积分数）碳纤维和 10%（质量分数）铁氧体进行双掺时，抗折强度为 18.8MPa，最大强度折减率为 21.01%，而抗压强度的折减率为 14.48%。双掺组的力学性能折减率较高，工作性能不佳（图 4.5）。

二、碳纤维吸波混凝土的耐久性能

1. 抗冻融性能

抗冻融性能是混凝土实际使用中十分重要的一项耐久性能指标，混凝土在经过长时间冻融循环后，表面与内部结构会有很明显的破坏。混凝土冻融破坏本质上是混凝土内部的孔隙水经过冻融循环导致混凝土内部膨胀破坏[8]。对于混凝土抗冻融性能等级的研究，根据 GB/T 50082—2024《混凝土长期性能和耐久试验方法标准》[9] 中针对快冻法的有关规定，通过相对动弹性模量降低至60%以上（或质量损失率大于 5%）时的最大冻融次数可以确定混凝土的抗冻融等级。

动弹性模量在环境作用下的变化可以用来反映混凝土内部的劣化情况，通常采用超声测试的方法测量混凝土动弹性模量，如图 4.6 所示。

图 4.6 碳纤维吸波混凝土动弹性模量现场测试

混凝土内部由于冻融循环所产生的孔洞和裂缝会阻碍超声波的传播，增加超声波的传播路径，延长传播声时。混凝土受冻融侵害后，其结构内部密实度发生改变，孔隙水压力会对混凝土造成损伤。基于超声波对缺陷的敏感性，可以使用超声波声时有效反映混凝土内部结构的损伤变化。

混凝土的抗冻融性能研究主要记录混凝土在不同冻融循环次数后的动弹性模量及质量的变化。试验过程中记录了不同循环次数下的材料的动弹性模量数据及质量。

图 4.7 分别展示了控制组（无吸波材料）、0.3%（体积分数）碳纤维掺量

和 0.3%（体积分数）碳纤维＋10%（质量分数）铁氧体水泥基复合吸波材料经历不同冻融循环次数后相对动弹性模量的变化。可以看出，不同组混凝土的相对动弹性模量整体呈下降趋势，表明随着冻融循环次数的增加，混凝土内部出现损伤，控制组水泥基材料具有较好的抗冻融性能，在 300 次冻融循环后，相对动弹性模量为 90.7%，相对动弹性模量仅减小了 9.3%。随着吸波剂的掺入，相应的改性混凝土的耐久性（抗冻融性）降低，0.3%碳纤维组的耐久性较好，300 次冻融循环后，相对动弹性模量为 86.5%，双掺组的耐久性最低，300 次冻融循环后，相对动弹性模量为 74.0%。但整体上，试验中吸波混凝土经过 300 次冻融循环后相对动弹性模量降低至 74.0%，依然满足 GB/T 50082—2024[9] 中相对动弹性模量不低于 60%的要求，因此混凝土抗冻融等级也能达到 F300 水平。同时根据不同冻融循环次数下混凝土试块的质量试验数据得出，混凝土的质量损失率几乎为 0%，说明改性吸波混凝土整体的耐久性突出。其主要原因是在该基础水泥基材料的制备中，选用了超高性能混凝土的制备理念，使用了细颗粒骨料，保证了内部可形成较小的孔隙及不连通的孔结构，能有效抵抗液体浸入，因而保证了材料的耐久性。

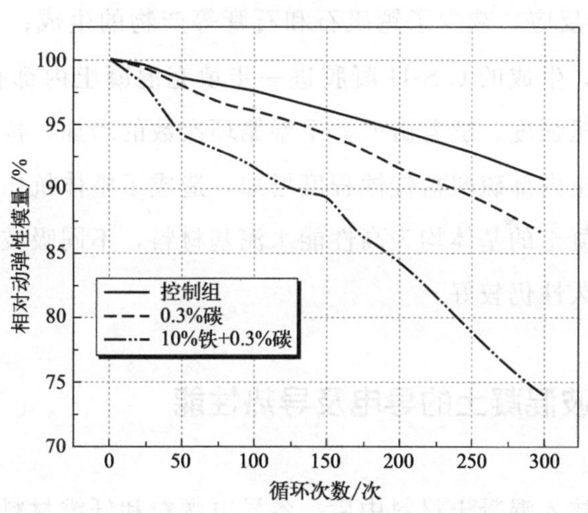

图 4.7　300 次冻融循环下碳纤维吸波混凝土相对动弹性模量的变化

2. 抗硫酸盐侵蚀性能

图 4.8(a) 表示不同吸波剂种类及掺量下的混凝土试块在硫酸盐溶液中质

量损失率的变化。从图中可知，改性混凝土在前 30 次的硫酸盐侵蚀（干湿循环）过程中，混凝土试块的质量损失率基本为负值，说明在硫酸盐侵蚀初期，混凝土试块的质量增加，其主要原因是混凝土中的氢氧化钙和水化铝酸钙（$CaO \cdot Al_2O_3 \cdot 6H_2O$）可以与硫酸根反应生成石膏和钙矾石，从而填充混凝土的内部孔隙，使得混凝土更加密实，造成质量的增加[10]。在一定时间的硫酸盐侵蚀之后，硫酸盐侵蚀所生成的产物会不断累积并膨胀，使得混凝土表面发生脱落现象，从而造成混凝土试块质量的损失。总体上看，经过 150 次的硫酸盐侵蚀，不同组别混凝土质量损失率均小于 0.5%，说明改性吸波混凝土具有较好的耐硫酸盐侵蚀性能。

同时根据 GB/T 50082—2024《混凝土长期性能和耐久试验方法标准》[9]中的试验方法和流程，进行了硫酸盐干湿循环次数分别为 0、30、60、90、120 及 150 次，6 个阶段混凝土的抗压强度测量，并对抗压强度耐蚀系数进行了绘制，如图 4.8(b) 所示。从图 4.8(b) 中可以看出，在前 60 次的硫酸盐侵蚀试验中，混凝土试块的抗压强度耐蚀系数先增加，其主要原因是浆料内部的 $Ca(OH)_2$ 与矿物掺合料中的 SiO_2 反应被消耗了一部分，从而减弱了水泥石和 $Ca(OH)_2$ 之间的反应，减少了钙矾石和石膏等产物的生成；另外内部水化反应还在不断进行，生成的 C-S-H 凝胶进一步填充混凝土内部孔隙[10]，从而增加了混凝土的抗压强度。随着硫酸盐干湿循环次数的增加，抗压强度耐蚀系数下降，说明混凝土内部硫酸盐侵蚀程度增加，造成了整体抗压强度的下降。整体来说，改性混凝土的基体均为高性能水泥基材料，不同吸波剂加入后，改性吸波混凝土的耐久性仍较好。

三、碳纤维吸波混凝土的导电及导热性能

当将吸波剂掺入混凝土材料中后，各导电颗粒和纤维材料会在混凝土内部形成导电网络，从而改善混凝土的电阻率，并可进一步有针对性地对其电磁屏蔽效应进行开发。同时，不同的吸波剂具有不同于混凝土的导热系数，掺入混凝土之后，可以改善混凝土材料的导热系数。用导热系数来表征材料的传热效率，导热系数越高，材料的传热效率越高。较高的导热系数有利于消散吸波剂

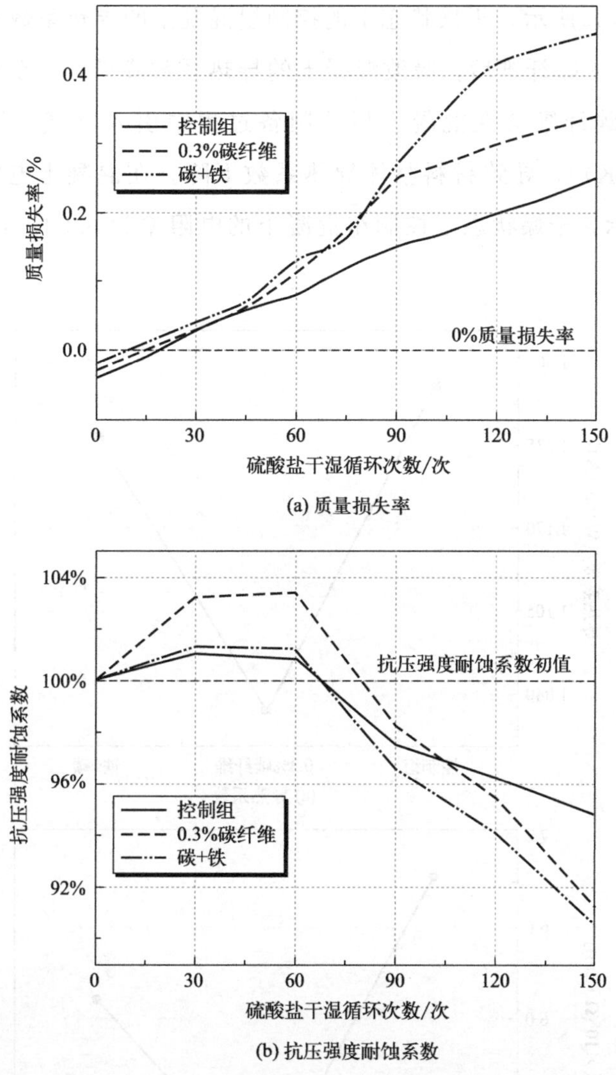

(a) 质量损失率

(b) 抗压强度耐蚀系数

图 4.8 不同吸波剂掺量混凝土试块在硫酸盐溶液中的质量损失率以及抗压强度耐蚀系数

材料在损耗电磁波过程中转化成的热能，提高吸能效率。表 4.3 为各组混凝土在干燥状态下的导热系数及电阻率。

表 4.3 混凝土在干燥状态下的导热系数及电阻率

组别	导热系数/[W/(m·K)]	电阻率/(Ω·cm)
控制组	1.282	6.93×10^5
0.3%(体积分数)碳纤维	1.028	4.90×10^5
铁+碳	1.241	6.12×10^5

如图 4.9(a) 所示，干燥状态下的控制组混凝土的导热系数约为 1.282W/(m·K)，在加入碳纤维后，吸波混凝土的导热系数降低。主要原因在于掺入碳纤维之后，碳纤维会在混凝土板的制备过程中引入空气［导热系数仅为 0.023W/(m·K)］，导致材料整体导热系数下降。在混凝土电阻率方面，如图 4.9(b) 所示，干燥状态下控制组混凝土的电阻率为 $6.93\times10^5\Omega\cdot cm$，电阻率较大。

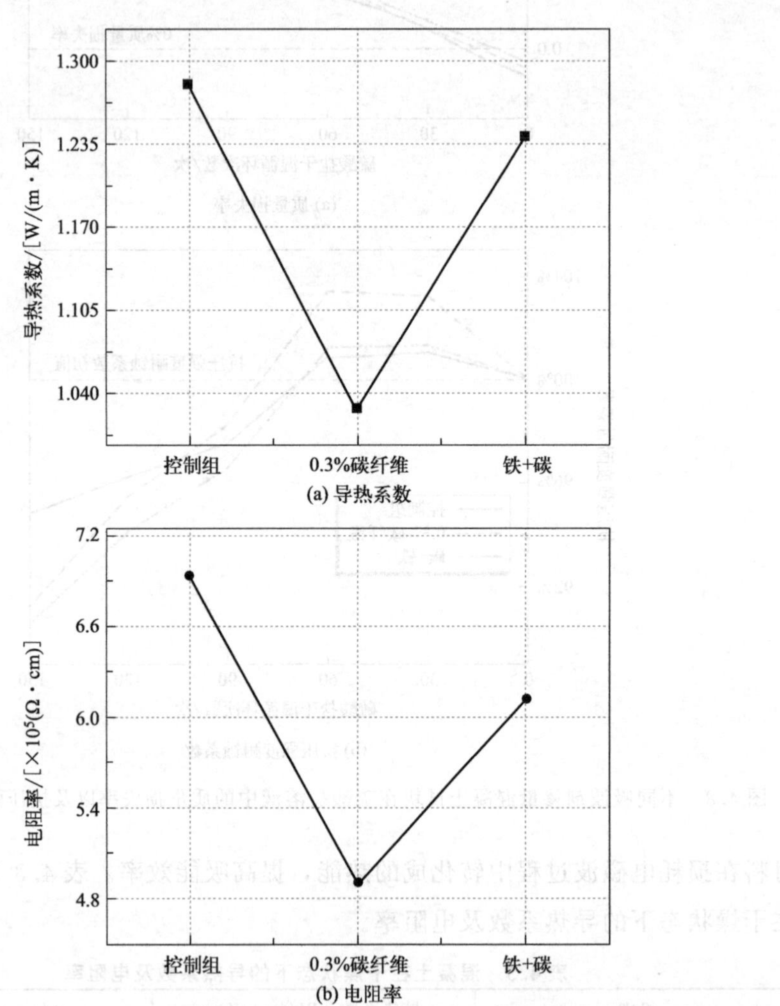

图 4.9　不同吸波剂掺量混凝土试块在干燥状态下的导热系数和电阻率

相关资料表明，低电阻率材料对雷达波有较好的吸波效果。因此保证混凝土材料的电阻率处于较低的水平，有利于提高材料的吸波性能。可以发现，在掺入碳纤维后，改性混凝土的电阻率显著降低。在混凝土内部，碳纤维的微观分布改变了碳纤维吸波混凝土的电阻率值，碳纤维加入混凝土后，在其中形成导电网络，加上碳纤维良好的导电性能，使得混凝土的电阻率有所下降，相对于控制组，掺入 0.3%碳纤维后，电阻率降低了 29.3%。而随着碳纤维和铁氧体组合掺料的加入，双掺吸波混凝土的导热系数和电导率相对于控制组都有所下降，但下降效果并不明显。

第五节 本章小结

使用基础混凝土配比，在其中掺入经过纤维素醚分散后的碳纤维试剂，搅拌均匀倒入 180mm×180mm×t（厚度）试模中，制成厚度、碳纤维掺量、掺杂条件（单掺与双掺）不同的混凝土试件，共 12 组，每组 3 块试件。分析了普通混凝土、碳纤维吸波混凝土、碳纤维＋铁氧体双掺吸波混凝土的吸波性能和其他性能，得到了以下结论：

① 通过对空白组电磁波反射率测试发现：粉煤灰、硅灰等材料在混凝土中的添加，使混凝土中含有一定量的 Fe^{3+}，导致空白对照组本身具有一定的吸波性能，当混凝土板厚度 $t \geqslant 35$mm 时，吸波效果更为明显，最小反射率可达－18.36dB。在 25mm 厚度下，选用 10%（质量分数）铁氧体与 0.3%（体积分数）碳纤维双掺，双掺组的吸波性能不如单掺组，单独吸波剂的吸波性能在水泥基材料中无法充分发挥，吸波效果不佳，未达到预期要求。

② 控制混凝土掺量，研究不同混凝土板厚度对吸波性能的影响：在 0.6% 碳纤维掺量下分别制备了厚度为 15mm、25mm、35mm、45mm 的混凝土板，在 2～18GHz 电磁波段下，每隔 0.08GHz 测量一次电磁反射率。在 12～18GHz 波段下，厚度为 25mm 的碳纤维吸波混凝土具有较好的吸波性能，最小反射率达－16.68dB，有效带宽达 6.35GHz，性能满足设计要求。

③ 控制混凝土板厚度，研究不同掺量碳纤维对吸波性能的影响：分别制备了 25mm 厚碳纤维掺量体积分数分别为 0.1%、0.3%、0.6%的碳纤维混凝土试件，在 2～18GHz 电磁波段下，每隔 0.08GHz 测量一次电磁反射率，分析反射率数据发现，碳纤维掺量为 0.3%的吸波混凝土，在 12～18GHz 电磁波频段中，最小反射率可达－19.45dB，整体吸波带宽达 7.24GHz。

④ 综合考虑吸波效果、有效吸波带宽以及经济效益，本章探究出碳纤维最优掺量为 0.3%（体积分数），碳纤维吸波混凝土最优厚度为 25mm。

⑤ 对力学性能的探究：本章对最优掺量碳纤维吸波混凝土进行了抗折强

度和抗压强度的测试，将其与控制组对比，计算其强度折减系数。试验发现，在普通混凝土中掺入0.3%（体积分数）的碳纤维后，混凝土的力学性能有所下降，抗折强度和抗压强度分别折减了5.46%和10.92%；对于双掺组，0.3%（体积分数）碳纤维+10%（质量分数）铁氧体双掺吸波混凝土的力学性能下降得更为明显，抗折强度和抗压强度折减率达到了21.01%和14.48%。

⑥ 对耐久性能的探究：本章通过对吸波混凝土的抗冻融性能和抗硫酸盐侵蚀性能来探究碳纤维掺杂对混凝土耐久性能的影响。抗冻融性能测试，试件经过300次冻融循环，前200次循环，每隔25次测试动弹性模量，200次循环后，每隔50次测试动弹性模量。结果表明，0.3%（体积分数）碳纤维单掺吸波混凝土的抗冻融性能较好，300次冻融循环后，相对动弹性模量为86.5%；10%（质量分数）铁氧体+0.3%（体积分数）碳纤维双掺组的耐久性较低，300次冻融循环后，相对动弹性模量为74.0%。但整体上，试验中吸波混凝土经过300次冻融循环后，相对动弹性模量降低量，依然满足不低于60%的要求，因此混凝土抗冻融等级可以达到F300水平，在实际应用中经过300次冻融循环依然可保持正常的工作性能。抗硫酸盐侵蚀测试，试件经过150次硫酸盐干湿循环，测量6个阶段混凝土抗压强度和试件质量，150次干湿循环后，试件质量损失率均小于0.5%，耐蚀抗压系数均在90%以上，说明碳纤维混凝土能承受的最大干湿循环次数>150次。

⑦ 对导电和导热性能的探究：导热性能，通过线热法测试CFRC的导热性能，通过热丝的温度和升温速率，反映出碳纤维掺入混凝土后可以有效降低混凝土的导热系数，使其具有良好的隔热性能。导电性能，碳纤维具有良好的导电性能，能在混凝土中形成导电网络，改变混凝土的电阻率，通过二电极法测量CFRC的电阻率，发现掺入0.3%（体积分数）碳纤维后，电阻率降低了29.3%，表现出良好的导电性能。

参考文献

[1] 唐明，孙亚东，巴恒静．高性能混凝土粉体颗粒群分形密集效应的评价［J］．沈阳建筑大学学报：自然科学版，2005（06）：680-684.

[2] 黄煜镔，钱觉时，张建业．高铁粉煤灰对水泥基材料吸波特性的影响［J］．功能材料，2009，40

(11)：1787-1790.

[3] 戴银所，陆春华，倪亚茹，等．粉煤灰在水泥基材料中吸波性能的探索 [J]．材料导报，2009，23 (10)：62-64.

[4] 张秀芝．高性能水泥基电磁波吸收材料制备、机理及功能研究 [D]．南京：东南大学，2010.

[5] 国爱丽．高强水泥基复合材料雷达波吸收性能研究 [D]．哈尔滨：哈尔滨工业大学，2010.

[6] 欧进萍，高雪松，韩宝国．碳纤维水泥基材料吸波性能与隐身效能分析 [J]．硅酸盐学报，2006 (08)：901-907.

[7] 王晓初，刘洪涛，周乐．碳纤维混凝土力学性能与破坏形态试验研究 [C] //第 21 届全国结构工程学术会议论文集．2012：106-111.

[8] 陈丽英，肖盛燮．混凝土冻融破坏机理及抗冻措施初探 [J]．西部交通科技，2014 (10)：5-7，96.

[9] 中华人民共和国住房和城乡建设部，国家市场监督管理总局．混凝土长期性能和耐久性能试验方法标准：GB/T 50082—2024 [S]．北京：中国建筑工业出版社．

[10] 刘娟红，马虹波，段品佳，等．硫酸盐干湿循环环境下超深井井壁混凝土抗腐蚀性能 [J]．材料导报，2021，35 (12)：12081-12086.

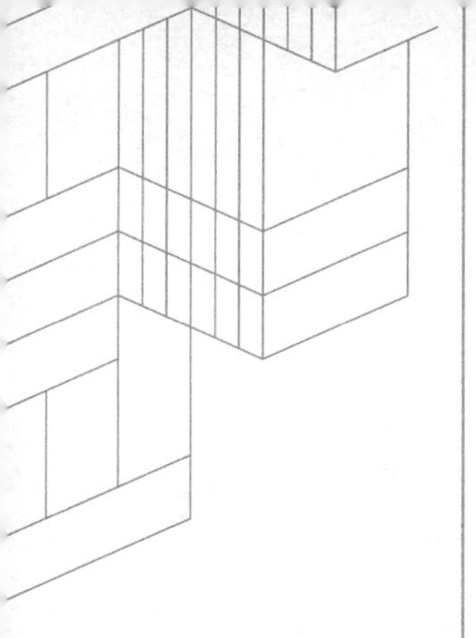

第五章

铁氧体吸波混凝土材料性能研究

第一节
超高性能混凝土的吸波性能

超高性能混凝土（UHPC）的吸波机理：EMW 在 UHPC 孔洞处进行连续反射，来消耗自身的能量，从而达到吸波效果。UHPC 相比普通水泥基体而言，会额外添加细骨料（由石英粉和石英砂组成）、粉煤灰和硅灰等胶凝材料[1]。粉煤灰又名玻璃微珠，由大量 SiO_2 和 Fe_2O_3 组成，具有极强的介电损耗和磁损耗。粉煤灰对于 UHPC 具有很好的相容性，在增强水泥基吸波效果的同时并不影响 UHPC 的力学强度[2]。此外，石英粉的介电常数较小，具有良好的透波性，可以调节 UHPC 与自由空间的阻抗差异，有利于雷达波进入混凝土内部。基于以上两个原因（优异的电磁损耗能力和良好的阻抗匹配），本书制备的 UHPC 板吸收 EMW 的效果较为显著。

图 5.1 展示了不同厚度（15mm、25mm、35mm、45mm）的 UHPC 板在 2～18GHz 波段内的反射率值，分别绘制二维点线图和三维曲面图，更加直观地分析出不同厚度的 UHPC 板在 S、C、X 和 Ku 波段的吸波性能规律，最终确定一个最佳厚度的 UHPC 板作为主要研究对象。

由图 5.1 可知，同一材料在不同厚度下雷达波的反射率不同，反射率随频率的增长而降低（即吸波性能提高）。不同厚度的混凝土板反射率最小值出现时所处的频率不同，2～8GHz 波段内最早出现最小反射率的是 15mm 板，在 5GHz 处反射率为－7.8dB。X 和 Ku 波段吸收 EMW 效果优于低波段，4 种厚度的混凝土板在低波段的反射率均大于－8dB，说明在该波段内，各厚度 UHPC 板相对来说都具有较好的吸波性能，可满足民用水泥基建筑吸波材料对反射率的要求。各组板在 Ku 波段之前的吸波性能相差较小，35mm、45mm 的板在 Ku 波段吸收 EMW 能力更胜一筹。从理论上讲，2～8GHz 波段内 EMW 的波长范围是 150～37.5mm，波长跨度大，对于试验中选用的 15～45mm 的厚度范围，无法完全覆盖该段 EMW 波长，相对来讲 45mm 板在低波段中吸收 EMW 的效果表现最好。

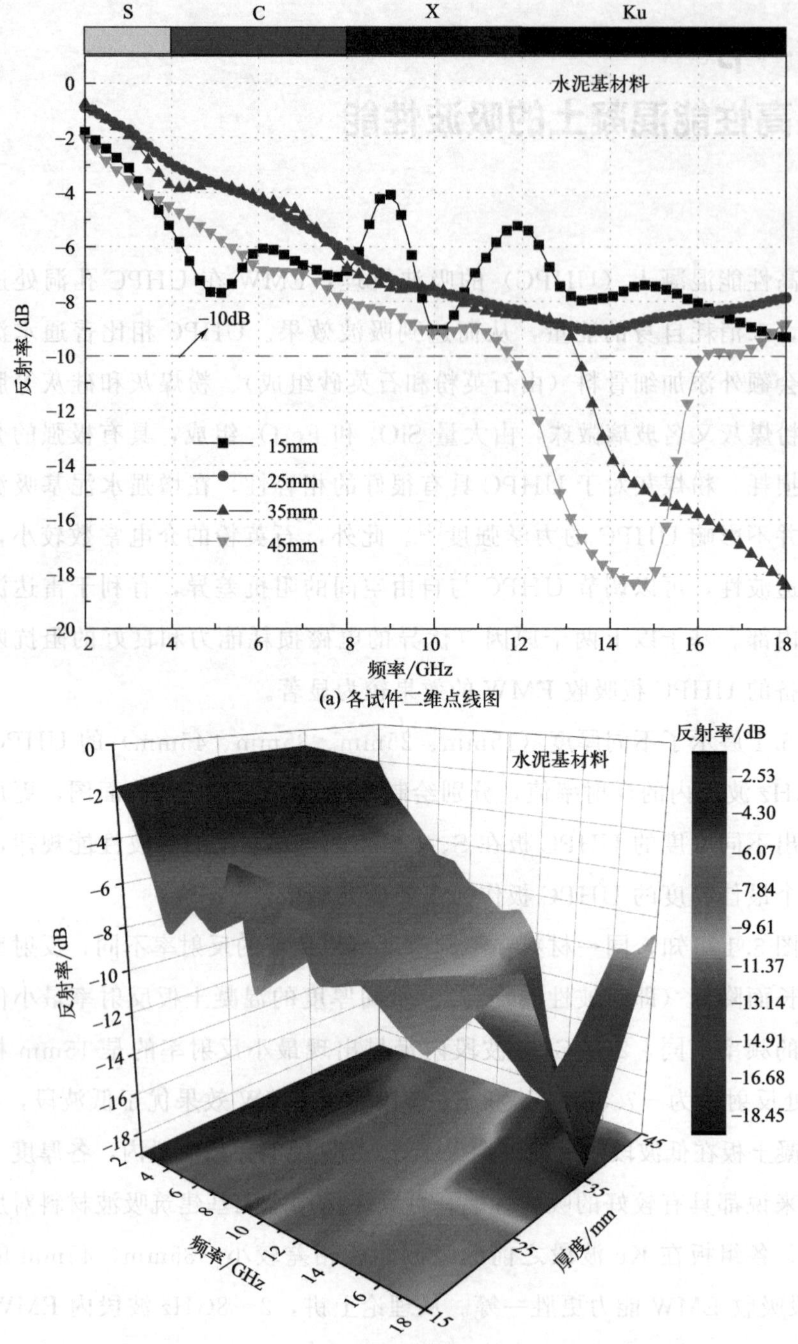

(a) 各试件二维点线图

(b) 各试件三维曲面图

图 5.1　不同厚度 UHPC 板的吸波性能

另外，从图 5.1 中可以看出，15mm 的板与 25mm 的板在 2～18GHz 段雷达波反射率数值相似，但是均未低于－10dB。在 Ku 波段内，35mm 的板的反射率迅速降低，反射率最小值降低至－18.3dB，反射率小于－10dB 的带宽范围为 14～18GHz，带宽为 4GHz。45mm 的板在 12～16GHz 波段内反射率值升高幅度明显，均小于－10dB，带宽为 4GHz，最小反射率达到－17.9dB。这主要是因为 8～18GHz 段 EMW 的波长为 37.5～16.7mm，波长跨度较小，不同厚度的混凝土板均能进行较好的覆盖。

综上所述，35mm、45mm 的板由于反射率小于－10dB 的带宽范围覆盖到整个 Ku 波段，已达到预期要求，因此不作为研究对象。此外，基于以下两个方面的原因：①越厚的板虽吸收 EMW 的能力越好，却会造成材料制备成本的增加；②35mm、45mm 不是工程中一块板的模数，直接应用较为困难。鉴于以上原因，考虑以 2～18GHz 范围内反射率值均大于－10dB 的 25mm 厚度混凝土板作为主要研究对象，研究单掺和双掺对于改性混凝土板吸波性能的影响。

第二节 锶铁氧体吸波混凝土的吸波性能

一、不同锶铁氧体掺量 UHPC 板的吸波性能

锶铁氧体吸波混凝土（锶铁氧体水泥基复合吸波材料）的吸波机理为：锶铁氧体作为一种磁性材料，遇到 EMW 后自身会产生涡流损耗，实现 EMW 能量的损耗。锶铁氧体粉末分散性较好，UHPC 孔隙中的碱性环境对锶铁氧体材料的影响较小，因此锶铁氧体进入 UHPC 中可发挥良好的电磁损耗能力。锶铁氧体掺入 UHPC 后，水泥基复合吸波材料的复介电常数增大，可以使 EMW 吸收峰向低频移动，增强了对 EMW 的介电损耗。因此锶铁氧体水泥基复合吸波材料对 EMW 的吸收具有磁损耗和介电损耗两种机制。

图 5.2 展示了厚度为 25mm 时锶铁氧体掺量对锶铁氧体吸波混凝土吸波性能（2～18GHz 频段内 EMW 反射率）的影响。随着 EMW 频率的增加，不同锶铁氧体掺量的混凝土（UHPC）板的反射率值呈下降趋势，即吸收 EMW 的性能提升。在 2～10GHz 波段，F-10 组（锶铁氧体掺量为 10%，以质量分数计，下同）的 UHPC 板的反射率值均高于－10dB，与控制组、F-5（锶铁氧体掺量为 5%）和 F-15（锶铁氧体掺量为 15%）单掺组相差不大。当 EMW 频率继续增加，F-5 和 F-10 单掺组的 UHPC 板的吸波性能显著提高，但 F-10 单掺组的 UHPC 板的吸波性能相对更好，反射率小于－10dB 的带宽为 6.35GHz。在 Ku 波段，F-5、F-10 和 F-15 各单掺组的吸波性能相差不大，在 18GHz 处均达到最小反射率，其中又以 F-10 的反射率最小，为－15.23dB。

锶铁氧体掺量存在最优阈值，并不是掺量越高，吸收 EMW 的效果越好。以 X 波段为例，F-15 单掺组并没有显著提高 UHPC 的吸波性能，并且略低于其他各组，可能是锶铁氧体掺入量过高，引起 UHPC 表面反射，从而导致 UHPC 吸收 EMW 能力下降。

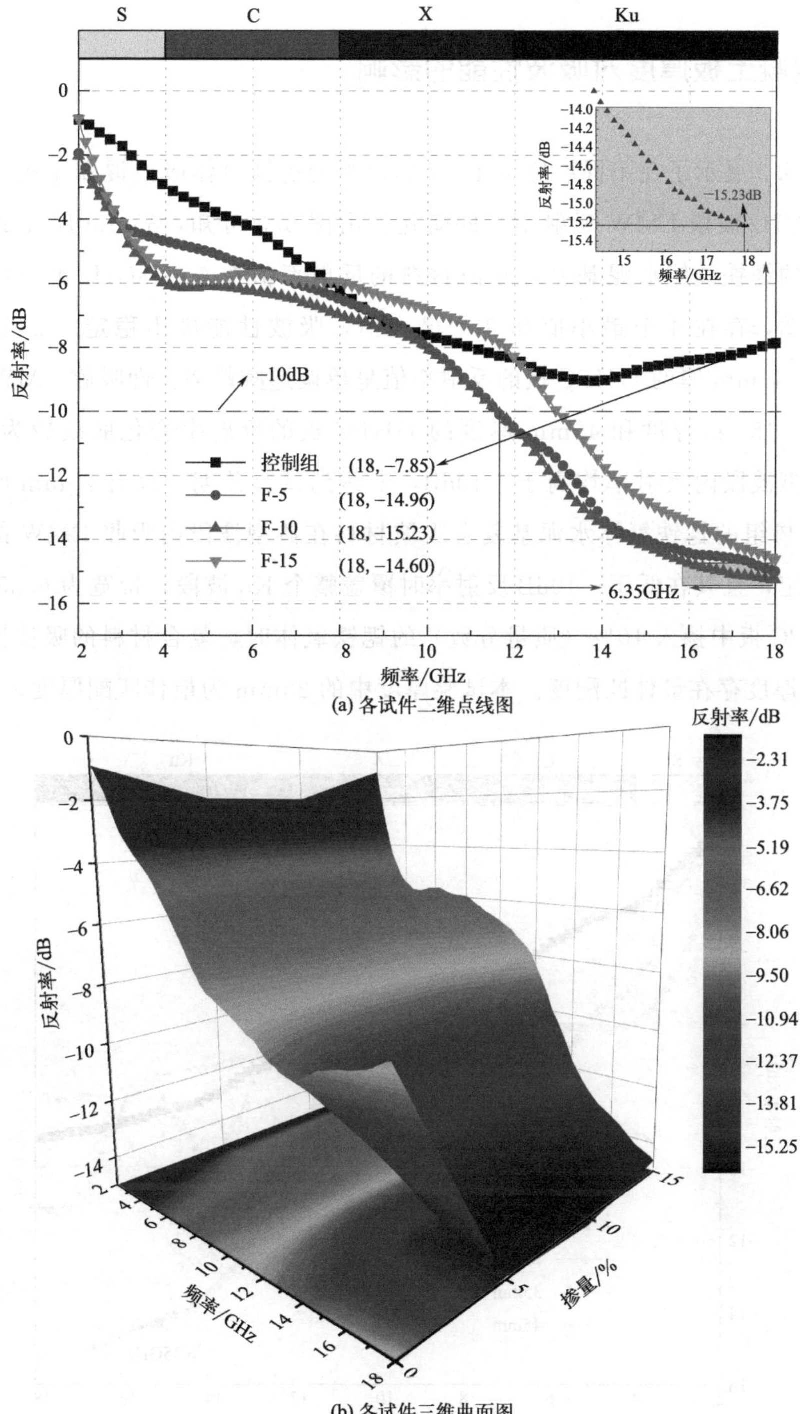

(a) 各试件二维点线图

(b) 各试件三维曲面图

图 5.2　不同锶铁氧体掺量吸波混凝土的吸波性能

二、混凝土板厚度对吸波性能的影响

图 5.3 展示了在不同厚度下 F-10 单掺组的锶铁氧体吸波混凝土吸波性能（2～18GHz 波段 EMW 反射率）的变化。由图 5.3 可知，35mm 厚度的 F-10 单掺组的锶铁氧体水泥基复合吸波材料的反射率值在 6～18GHz 波段内出现上下波动，存在 4 个最小值和 3 个最大值，吸波性能极不稳定。而 15mm、25mm、45mm 厚的 UHPC 板的反射率值呈单调递减趋势，即吸收 EMW 的效果提升。15mm 厚度和 45mm 厚度的 UHPC 板的反射率变化曲线较为接近，但在典型波段内反射率均高于－10dB，未达到试验预期。只有 25mm 厚度的 F-10 单掺组的锶铁氧体水泥基复合吸波材料在典型波段内吸收 EMW 的能力较为稳定，且其在低于－10dB 反射率时覆盖整个 Ku 波段，带宽为 6.35GHz。在 UHPC 板中掺入 10％（质量分数）的锶铁氧体时，复合材料的吸波性能对 UHPC 厚度存在最佳匹配度。本试验厚度中的 25mm 为最佳匹配厚度。

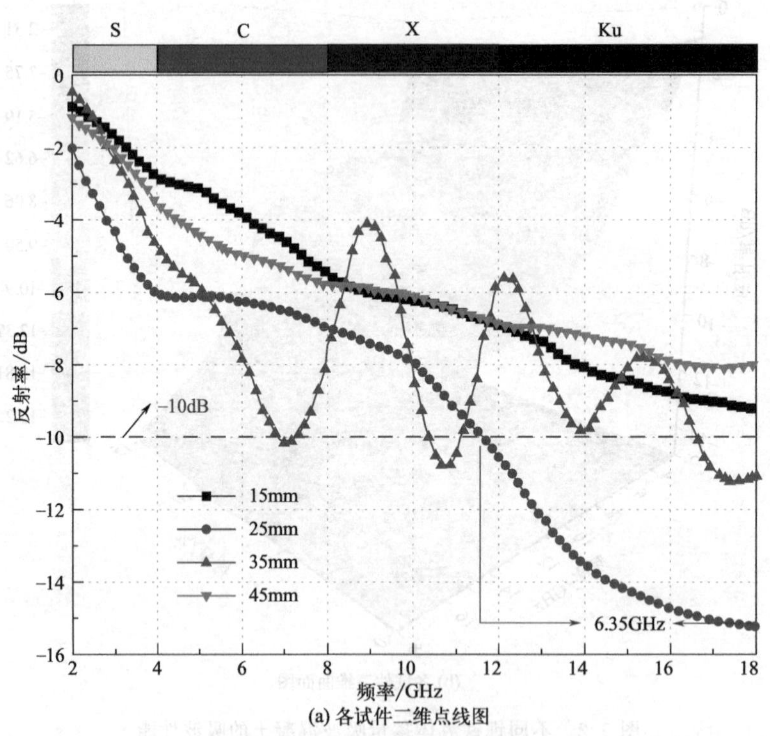

(a) 各试件二维点线图

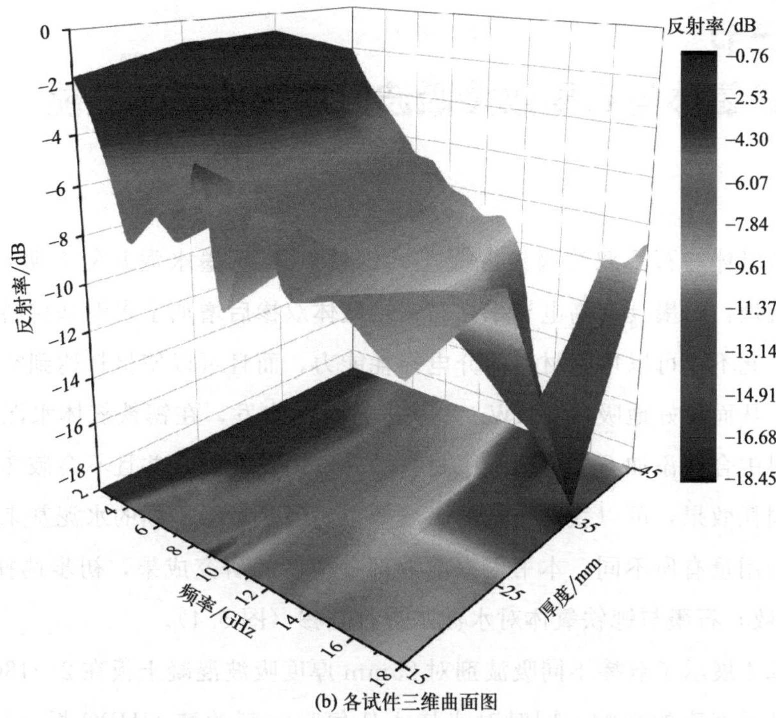

(b) 各试件三维曲面图

图 5.3　在不同厚度下 F-10 单掺组的锶铁氧体吸波混凝土的吸波性能

第三节
锶铁氧体与石墨双掺吸波混凝土的吸波性能

锶铁氧体与石墨双掺吸波混凝土（锶铁氧体-石墨水泥基复合吸波材料）的吸波机理：石墨具有高电导率，与锶铁氧体双掺后增加了水泥基材料的介电常数，因此不仅可以增强材料的介电损耗能力，而且可以使材料达到空间波阻抗匹配，从而更好地吸收 EMW[3]。从理论角度出发，在锶铁氧体水泥基复合吸波材料中合理添加石墨，增强了材料的介电损耗能力，并且不会破坏锶铁氧体的磁损耗效果，可以获得更好的吸波效果。但是对于不同的水泥基来说，掺入石墨的用量有所不同，本书根据前期部分学者的研究成果，初步选择 2.5%（质量分数）石墨与锶铁氧体对水泥基进行复掺（图 5.4）。

图 5.4 展示了双掺不同吸波剂对 25mm 厚度吸波混凝土板在 2～18GHz 频段 EMW 反射率的影响，同时对未掺入任何吸波剂的纯 UHPC 板（控制组）和单掺锶铁氧体的 UHPC 板（F-10 组）的反射率也进行了绘制并展开对比。双掺组（F/G 组）选用 10%（质量分数）的锶铁氧体和 2.5%（质量分数）的石墨。

由图 5.4 可知，在 2～12GHz 波段内，F/G 组的吸波效果略优于纯 UHPC 板，但差距不大。在 Ku 波段，双掺组的吸波性能优于纯 UHPC 板，但是 F/G 组 －10dB 反射率的带宽为 2.3GHz，在 18GHz 处最小反射率仅为 －10.5dB，吸波效果低于单掺组。本试验说明了吸波剂的混合并没有提高 UHPC 板的吸波性能，虽然双掺组的 UHPC 板的吸波性能随 EMW 频率的增加有所提升，但是吸波性能的提升不显著，双掺吸波剂的作用并未发挥出来。研究表明，一方面原因可能是，石墨的掺入使锶铁氧体水泥基复合吸波材料原本产生的导电粒子两两间距减小，形成电子隧道跃迁，导致 UHPC 对 EMW 的反射效果增高，致使复合材料的吸波性能降低。另一方面，由于试验时间限制，没有对单掺石墨水泥基复合吸波材料进行不同掺量下吸波性能的研究，选取掺入 2.5%（质量分数）的石墨，样本过于单一，因此未达到试验预

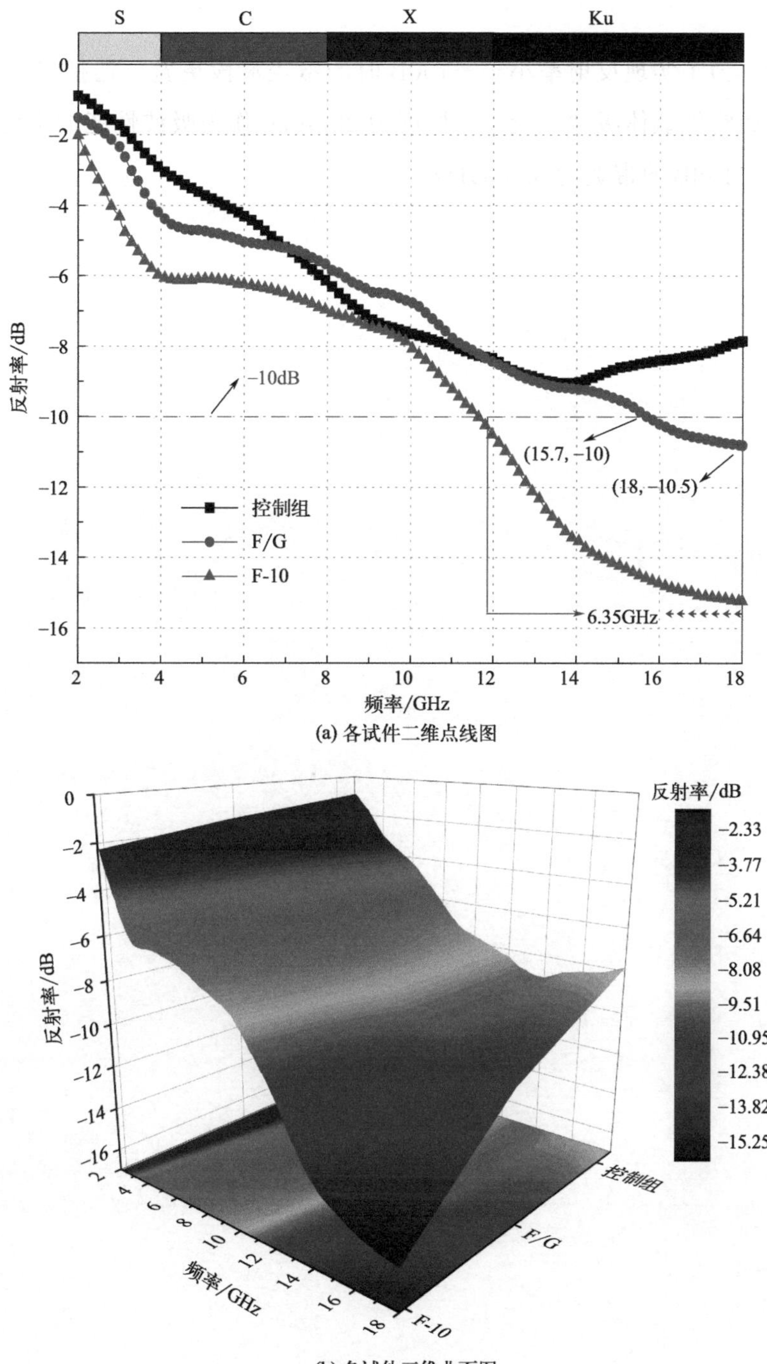

(a) 各试件二维点线图

(b) 各试件三维曲面图

图 5.4 锶铁氧体与石墨双掺吸波混凝土的吸波性能

期目标。

综上，为了实现反射率小于－10dB 时的覆盖波段更宽，选择掺 10%（质量分数）的锶铁氧体吸波混凝土（厚度为 25mm）作为吸波性能的最优组，反射率小于－10dB 的带宽为 6.35GHz。

第四节 锶铁氧体吸波混凝土的其他性能

一、锶铁氧体吸波混凝土的力学性能

一方面有研究表明硅灰等胶凝材料可以降低 UHPC 的初始孔隙率，另一方面通过胶凝材料的二次水化作用可以优化 UHPC 的内部结构，此外使用高效减水剂降低 UHPC 的用水量，可以减少多余水泥硬化后产生的裂缝，以上三个原因使 UHPC 的力学性能高于普通混凝土[4,5]。掺入锶铁氧体后会与水泥发生反应，抑制水化过程中所生成的 C-S-H 凝胶量，致使锶铁氧体吸波混凝土的抗压强度略有下降。而在锶铁氧体吸波混凝土中复掺石墨时，随着堆积反应的进行，大量的水泥水化产物会填充石墨颗粒之间的空隙，降低水泥基体和石墨的结合程度，从而对力学性能产生很大影响。表 5.1 给出了试验组混凝土基础性能测试结果。

表 5.1 试验组混凝土的力学性能数据表

组别	抗折性能		抗压性能	
	抗折强度/MPa	强度折减率/%	抗压强度/MPa	强度折减率/%
控制	23.8	0.00	122.7	0.00
F-10	21.3	10.64	119.2	2.85
F/G	16.6	30.11	102.7	16.30

根据试验流程，对不同配合比的试样进行力学性能试验，得到试块抗折强度和抗压强度及强度折减率（相较于控制组强度值的降低率）。如图 5.5 所示，控制组的力学性能较好，掺入吸波剂后，单掺组和双掺组的力学性能出现不同程度的下降。

（1）单掺吸波混凝土

由表 5.1 和图 5.5 可以看出，掺 10%（质量分数）锶铁氧体的水泥基复合吸波材料（F-10 组）的力学性能略低于控制组。在 UHPC 中掺入锶铁氧体后，

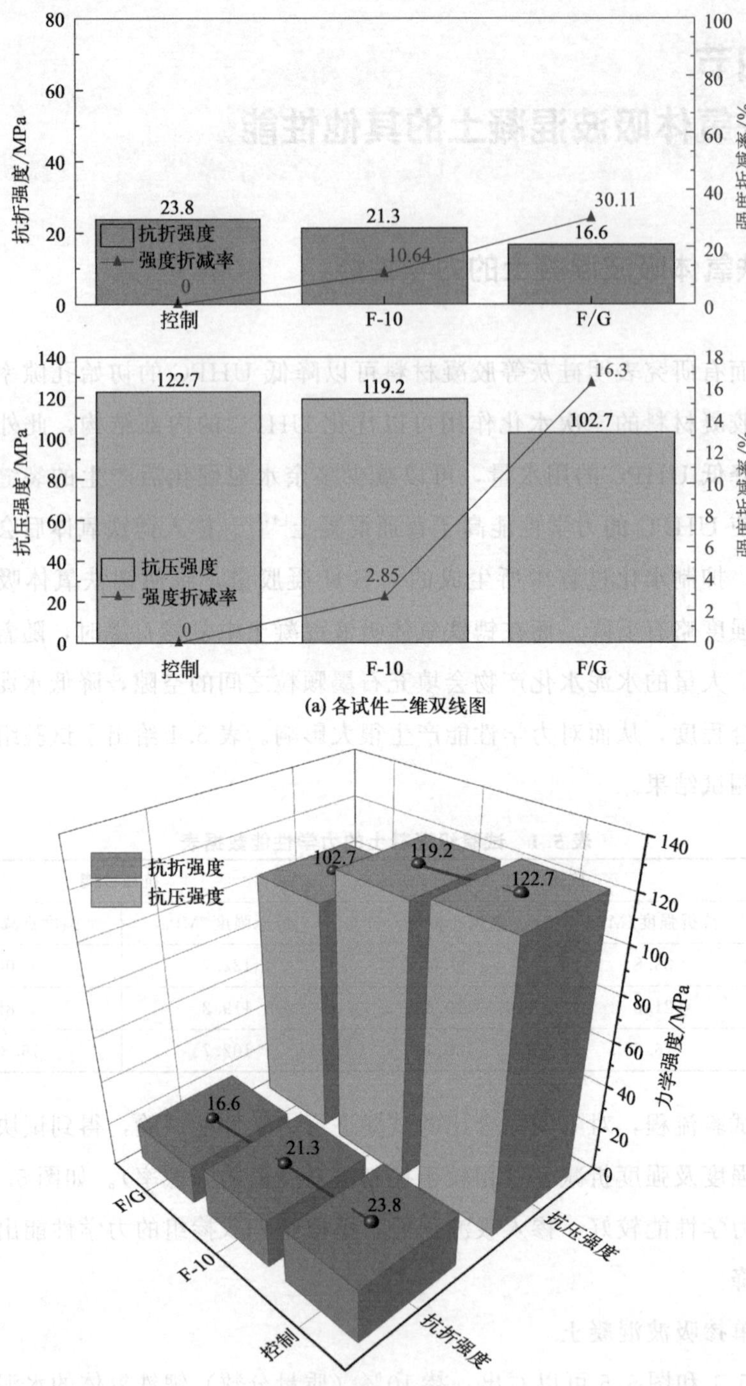

图 5.5　试验组混凝土的力学性能

抗折强度和抗压强度的变化呈下降趋势，但总体的强度折减率较小，抗折强度的折减率为10.64%，抗压强度折减率仅为2.85%。相比于双掺组（F/G组），单掺组的力学性能折减率较少，具有良好的工作性能。

（2）双掺吸波混凝土

由表5.1和图5.5可以看出，在锶铁氧体-石墨水泥基复合吸波材料（F/G组）中，抗折强度折减率达30.11%，而抗压强度的折减率为16.3%，双掺组的力学性能折减率均较高。对比单掺组可以得出：单一吸波剂与石墨复掺后，相比单掺组而言工作性能欠佳，但是跟一般混凝土基体相比，强度尚可。

二、锶铁氧体吸波混凝土的耐久性能

1. 抗冻融性能研究

UHPC的制备使用了细颗粒骨料，保证了内部存在较小的孔隙及不连通的孔结构，减水剂可以降低制备UHPC所需的单位用水量，亦可减少材料的孔隙率，以上两者提高了UHPC的密实度和抗渗性，使其抗冻融能力增强。而在UHPC中单掺的锶铁氧体或双掺的锶铁氧体-石墨，均会与水泥发生反应，降低混凝土内部结构的密实度，因此会不同程度地降低材料的抗冻融性能。

混凝土的动弹性模量在环境作用下的变化可以用来反映混凝土内部的劣化情况。动弹性模量主要依靠超声波进行测量，如图5.6所示。当超声波在混凝土内部进行传播时，如果遇到内部孔洞和裂缝等缺陷，超声波将会绕过该类

图5.6　锶铁氧体吸波混凝土动弹性模量现场测试

缺陷，致使超声波传播路径增加，进一步导致传播声时增加。混凝土受到冻融侵害后，其结构内部密实度发生改变，孔隙水压力会对混凝土造成损伤。基于超声波对缺陷的敏感性，可以使用超声波有效反映混凝土内部结构的损伤变化。试验过程中记录了不同冻融循环次数下材料的相对动弹性模量及质量损失率，结果如图 5.7 所示。

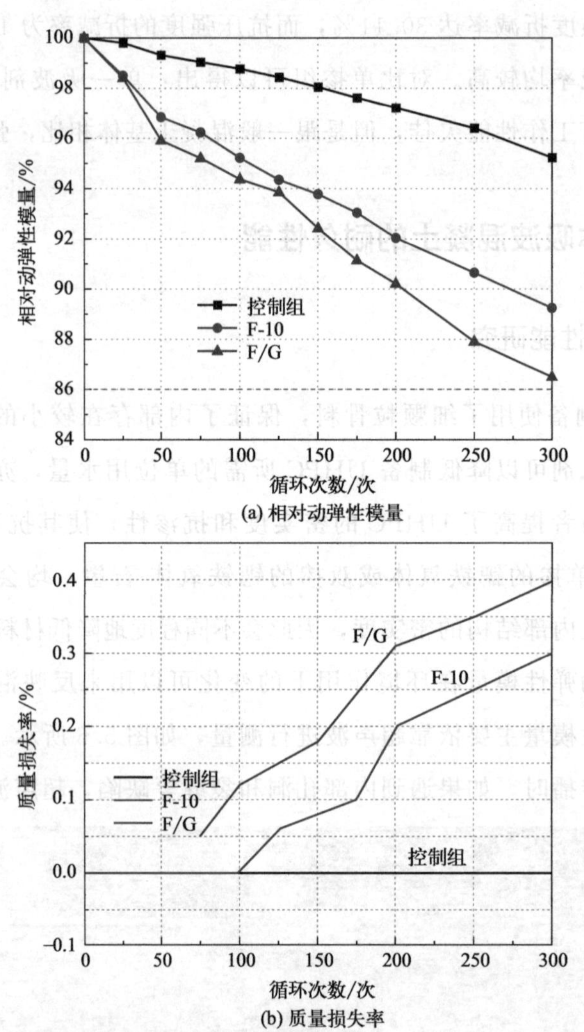

图 5.7　300 次冻融循环下锶铁氧体吸波混凝土的相对动弹性模量与质量损失率

图 5.7(a) 展示了控制组、单掺组和双掺组经历不同冻融循环次数后相对动弹性模量的变化。随着冻融循环次数的增加，混凝土内部出现损伤，控制组

水泥基复合吸波材料具有较好的抗冻融性能，在 300 次冻融循环后，相对动弹性模量为 95.23%，仅减少了 4.77%。而改性混凝土的相对动弹性模量下降趋势较为明显，单掺组抗冻融性能相比控制组有所降低，300 次冻融循环后相对动弹性模量约为 89%。双掺组抗冻性能相比控制组降低更多，相对动弹性模量仅约为 86%。同时根据图 5.7(b) 中的不同冻融循环次数下混凝土试块的质量损失率得出，各组试件的质量损失率全部低于 0.5%，说明改性混凝土整体的耐久性突出。根据相关规范[6] 中针对快冻法的规定，三组混凝土的抗冻融等级均能达到 F300。

2. 抗硫酸盐侵蚀性能研究

锶铁氧体吸波混凝土的抗硫酸盐侵蚀性能研究结果，如表 5.2 和图 5.8 所示。对于 UHPC 而言，其内部孔隙率比普通砂浆低，粉煤灰等胶凝材料可以提高混凝土的密实度，降低内部环境中的碱性，在较低的水胶比下（本书取 0.23），掺入适量的粉煤灰等活性掺合料能使 UHPC 的抗硫酸盐侵蚀能力显著提高，有研究表明 UHPC 的渗透性为普通混凝土的 1/10[4]。因此在硫酸盐侵蚀初期，混凝土中的氢氧化钙 $Ca(OH)_2$ 可以与硫酸根反应，二者产物可填充混凝土的内部孔隙，使得混凝土更加密实，造成质量的增加。但是经过长时间的硫酸盐侵蚀之后，硫酸盐侵蚀所生成的产物会不断累积并膨胀，使得混凝土表面发生脱落现象，从而造成混凝土试块质量的损失。锶铁氧体和石墨的掺入在前期会略微提高混凝土的力学强度，但随着反应进行，两种吸波剂会消耗一定量的水泥，均会一定程度降低混凝土内部结构的密实度。结合前述力学性能、抗冻融性能来看，双掺组抗压强度的降低趋势会更明显（表 5.2）。

表 5.2　不同硫酸盐干湿循环次数下各组混凝土试块的抗压强度

组别	不同硫酸盐干湿循环次数下试块的抗压强度/MPa					
	0	30	60	90	120	150
控制组	122.7	123.8	123.7	119.4	117.6	115.4
F-10	119.2	121.2	119.3	117.4	114.6	112.5
F/G	102.7	103.4	103.8	98.6	95.8	92.8

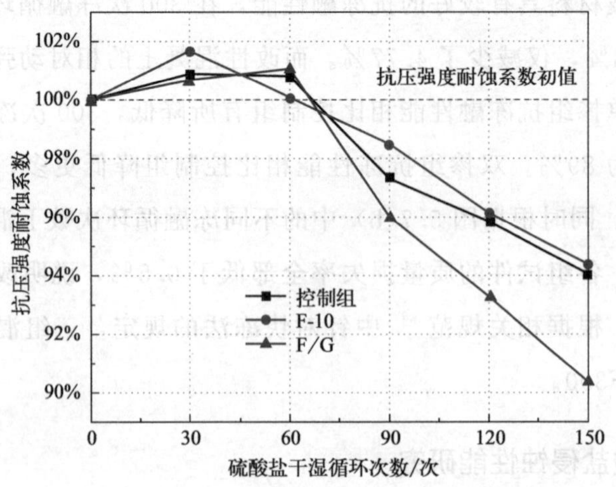

图 5.8 锶铁氧体吸波混凝土试块的抗压强度耐蚀系数

同时根据相关规范[6] 中的试验方法和流程，进行了硫酸盐干湿循环次数分别为 0、30、60、90、120 及 150 次，6 个阶段混凝土的抗压强度测量，并对抗压强度耐蚀系数的变化进行了绘制。

图 5.8 表示锶铁氧体吸波混凝土试块在硫酸盐溶液中抗压强度耐蚀系数的变化。从图 5.8 中可知，改性混凝土在前 30 次的硫酸盐侵蚀过程中，抗压强度耐蚀系数略有上升，其主要原因是 UHPC 内部水化反应生成的 C-S-H 凝胶会进一步填充混凝土内部孔隙，从而增加了混凝土的抗压强度。在前 60 次的硫酸盐侵蚀试验中，F-10 组的抗压强度耐蚀系数首先出现下降，其余各组的系数保持平衡。60 次后各组的抗压强度耐蚀系数下降，说明混凝土内部硫酸盐侵蚀程度增加，造成了整体抗压强度的下降。经过 150 次的硫酸盐侵蚀，控制组、单掺组和双掺组的混凝土的抗压强度耐蚀系数均大于 75%，说明改性吸波混凝土具有较好的耐硫酸盐侵蚀性能。

根据相关规范[6] 中针对抗硫酸盐侵蚀的规定，三组均能达到设计要求的抗硫酸盐等级 KS150。

三、锶铁氧体吸波混凝土的导电和导热性能

通常采用电阻率来衡量混凝土的导电性能。混凝土的导热系数则是用来表

征其导热能力，其值越小说明材料隔热保温效果越好，越有利于延长使用寿命；其值越大，越有利于材料表面散热。表 5.3 为锶铁氧体吸波混凝土在干燥状态下的导热系数及电阻率。

表 5.3　锶铁氧体吸波混凝土在干燥状态下的导热系数及电阻率

组别	导热系数/[W/(m·K)]	电阻率/(Ω·cm)
控制组	1.282	6.93×10^{5}
F-10	1.404	6.68×10^{5}
F/C	1.241	6.12×10^{5}

锶铁氧体虽然是磁性吸波剂，但也具有导电性，掺入后会在混凝土内部形成导电网络，从而改善混凝土的电阻率。石墨属于介电材料，复掺至锶铁氧体水泥基复合材料里，能够均匀分散，在自身可导电的同时还可与混凝土形成导电网络，降低试件的电阻率。由表 5.3 可以看出，在干燥状态下，控制组的电阻率为 $6.93\times10^{5}\Omega\cdot cm$，掺入锶铁氧体后，复合材料的电阻率有所下降。在锶铁氧体水泥基复合吸波材料中复掺石墨后，相比控制组和单掺组，电阻率下降最为明显，导电性能最好。

有研究表明，锶铁氧体具有较高的导热系数[7]，与 UHPC 混合后可提升材料的导热性能。较高的导热系数有利于锶铁氧体水泥基复合吸波材料吸收 EMW 的能量，提高吸能效率。对比表 5.3 的数据可看出，在干燥状态下的控制组混凝土的导热系数约为 1.282W/(m·K)，掺 10%（质量分数）锶铁氧体的混凝土板导热系数达到 1.404W/(m·K)，而在锶铁氧体水泥基复合吸波材料中复掺石墨后，导热系数与控制组相差不大。

研究相关资料[8] 后发现，低电阻率材料对雷达波有较好的吸波效果，而导热系数较高的混凝土吸波效率也较高。但是目前并无研究说明哪个因素占比更大。本实验表明，导热系数高的单掺组吸波性能的提升更明显。

第五节 本章小结

本章介绍了 UHPC 板以及锶铁氧体单掺、锶铁氧体与石墨双掺吸波混凝土的吸波性能和其他性能，主要得到以下结论：

① 2～18GHz 范围内，45mm 厚度的 UHPC 板的吸波性能最好，反射率小于－10dB 的带宽范围为 14～18GHz，带宽为 4GHz。

② 当 UHPC 板厚度为 25mm 时，掺 10%（质量分数）锶铁氧体的水泥基复合吸波材料吸波性能最好，反射率值小于－10dB 的带宽能够达到 6GHz，并且在 18GHz 处均达到最大反射损耗，反射率为－15.23dB。

③ 单掺组的吸波性能优于双掺组，双掺组的吸波性能优于控制组，F/G 组小于－10dB 反射率的带宽范围在 16～18GHz，说明在锶铁氧体水泥基复合吸波材料中复掺的石墨并没有显著提高 UHPC 的吸波性能。

④ 制备的 UHPC 材料自身具有很好的力学性能和耐久性能，抗压强度和抗折强度分别为 122.7MPa 和 23.8MPa，抗冻融等级和抗硫酸盐等级分别达到 F300 和 KS150。

⑤ 掺 10%（质量分数）锶铁氧体的水泥基复合吸波材料板抗压强度超过 119MPa，抗折强度超过 21MPa，力学强度大于 C80 混凝土。经 300 次冻融循环后相对动弹性模量降低至 86%，抗冻等级达到 F300；经 150 次的硫酸盐侵蚀后抗压强度耐蚀系数 K_f 大于 94%，抗硫酸盐等级达到 KS150；导热系数和电阻率分别达到 1.404W/(m·K) 和 $6.68\times10^5\Omega\cdot cm$。

⑥ 锶铁氧体-石墨水泥基复合吸波材料虽然力学性能和耐久性能均低于控制组、单掺组，但是力学性能仍可达到 C80 以上，抗冻融等级和抗硫酸盐等级仍符合 F300 和 KS150 标准。

参考文献

[1] 张秀芝. 高性能水泥基电磁波吸收材料制备、机理及功能研究 [D]. 南京：东南大学，2010.

[2] 黄煜镔，钱觉时，张建业．高铁粉煤灰对水泥基材料吸波特性的影响［J］．功能材料，2009，40（11）：1787-1790.

[3] 吕淑珍，陈宁，王海滨，等．掺铁氧体和石墨水泥基复合材料吸收电磁波性能［J］．复合材料学报，2010，27（5）：73-78.

[4] 杜丰音，金祖权，于泳．超高强水泥基材料的力学及耐久性能［J］．材料导报，2017，31（23）：4-51.

[5] 刘润清，刘军，李喆．泡沫水泥基吸波材料的物理性能研究［J］．混凝土，2017（6）：85-87，92.

[6] 中华人民共和国住房和城乡建设部，国家市场监督管理总局．混凝土长期性能和耐久性能试验方法标准：GB/T 50082—2024［S］．北京：中国建筑工业出版社．

[7] 施祖锋，王鲜，聂彦，等．$Mn_{0.77-x}Zn_{0.19+x}Fe_{2.04}O_4$ 铁氧体磁性能及热导率分析［J］．磁性材料及器件，2020，51（6）：1-4.

[8] 李天鹏，高欣宝．二电极法在导电水泥电阻测试中的应用研究［J］．科学技术与工程，2007（21）：5717-5719，5726.

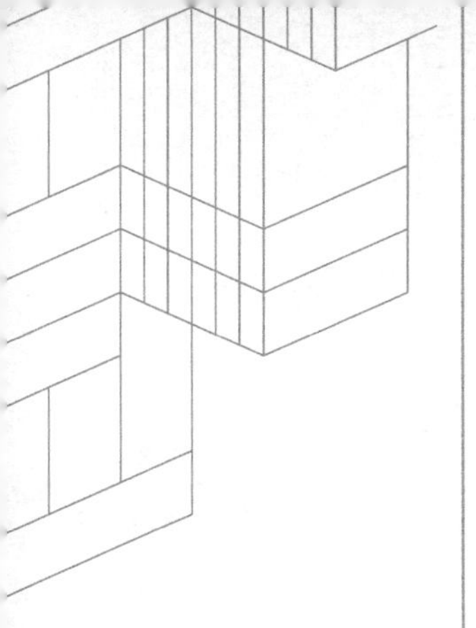

第六章

羰基铁吸波混凝土材料性能研究

羰基铁粉是由一氧化碳在高温高压的条件下与铁进行化学反应，之后在低压条件下进行分离后的产物，是目前最为常用的一种同时具有介电损耗能力和磁损耗能力的吸波剂。由于羰基铁粉具有磁滞回线窄而长、磁导率高、矫顽力低和功率损耗低等相关物理性能，因此被广泛应用于各种领域。羰基铁粉主要可以用来制造高频率磁芯、多类型软磁材料元器件、超硬材料与金刚石工具、微波吸收材料和相关隐身材料。

依据本书对于混凝土吸波材料的总体设计思路，本章系统探讨了加入不同掺量羰基铁粉以及控制试验样品厚度这两种因素对混凝土吸波材料的吸波性能的影响，进而确定了混凝土吸波材料掺合料的最优掺量以及样品的最佳厚度。

第一节
掺量对样品电阻率的影响

图 6.1 为添加不同掺量羰基铁粉吸波剂试样的电阻率变化趋势。由图 6.1 中可以看出，添加羰基铁粉吸波剂的吸波试样的电阻率量级都稳定在 $10^6\Omega\cdot cm$，并且随着羰基铁粉的掺量不断增加，试样的电阻率不断减小。这说明添加羰基铁粉能够明显地降低混凝土吸波材料的电阻率，但可以看出下降趋势并没有与掺量变化成正比，而是随着掺量的下降变化趋势逐渐减小。这说明可能随着掺量的继续增加，电阻率变化将趋近于某一个数值附近。原因在于随着材料中羰基铁粉含量的不断增加，材料的性质将会更趋向于金属，由于材料属于混合物，最后各个材料的比值将趋近于稳定，电阻率也将不再变化。

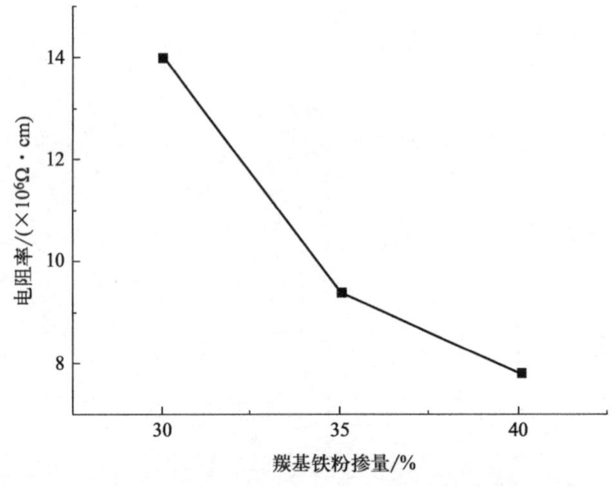

图 6.1　不同掺量羰基铁粉试样的电阻率

图 6.2 为添加相同掺量（35%）羰基铁粉吸波剂试样在不同厚度下的电阻率变化趋势。可以得知电阻率应该仅与物质种类和温度有关。相同羰基铁粉掺量与同一个配合比配制出的样品电阻率应该是相同的，应不受厚度的影响；但从图 6.2 中可以看出不同厚度的试样的电阻率呈现出波动变化，并且在 25mm

厚度时出现最大值。这说明可能在样品制备过程中出现了材料分层现象，导致各种样品成分含量并不是完全一样的，所以电阻率发生了波动变化。

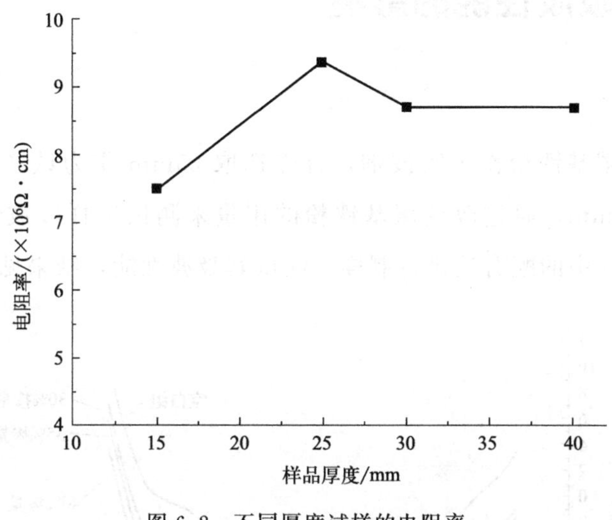

图 6.2　不同厚度试样的电阻率

第二节 掺量对吸波性能的影响

选择使用羰基铁粉作为吸波剂，首先选取 25mm 作为试样的厚度。试验确定厚度为 25mm，通过改变羰基铁粉的用量来测试试样吸波性能的变化情况。按照表 3.6 中的配合比进行制样，测试其吸波性能，结果见图 6.3。

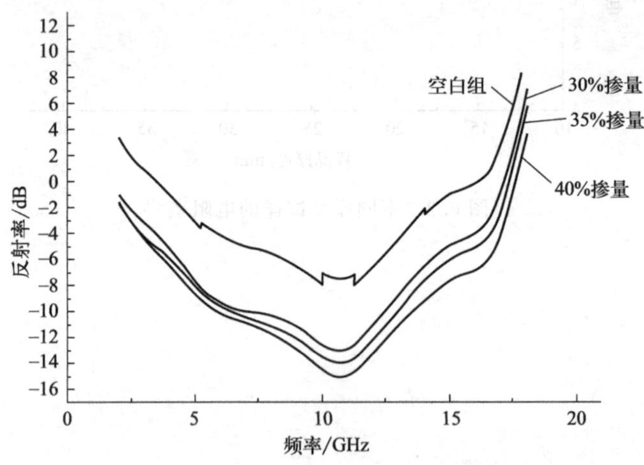

图 6.3 羰基铁粉掺量与试样反射率的关系

通过图 6.3 中可以看出，未加入羰基铁粉的空白组反射率出现波动并且反射率数值大多都偏大，对于电磁波的吸收效果不好。当加入羰基铁粉后，试样的吸波性能有明显的提高。随着羰基铁粉掺量在不断增加，样品的反射率数值在不断下降，样品最小反射率出现的位置却没有发生变化，而是固定在某些特定频率点，但是最小反射率数值的大小随着羰基铁粉掺入量的增加而变大。当羰基铁粉掺量为 30％的时候，样品反射率最小值为－13.05dB，反射率最大值为 7.31dB；当羰基铁粉掺量为 35％的时候，样品的反射率最小值为－14dB，反射率最大值为 5.92dB，其中反射率值小于－10dB 的连续频率带宽能够达到 6.55GHz；当羰基铁粉掺量达到 40％的时候，样品的反射率最小值为－15.07dB，反射率最大值为 3.91dB，反射率值小于－10dB 的连续频率带宽能够达到 7.67GHz。可见，随着羰基铁粉掺量的不断增加，可以有效提高材料的吸波性能并且可以使材料对于电磁波的吸收带宽得以增加。但是，磁性掺量达到 35%以后，其吸波性能的提升趋于稳定。

选择羰基铁粉作为吸波剂，掺量分别为 30%、35%和 40%，按照表 3.6 中的配合比进行制备样品。分别测试出 3 组样品 3d 龄期下的抗压强度，破坏状态如图 6.4 所示，结果如表 6.1 所示。

(a) 羰基铁粉掺量30%

(b) 羰基铁粉掺量35%

(c) 羰基铁粉掺量40%

图 6.4　不同掺量样品的破坏试验图

表 6.1　不同掺量样品的抗压强度

试样编号	羰基铁粉掺量/%	3d 龄期下样品的抗压强度/MPa
1	30	41.7
2	35	43.5
3	40	37.2

通过对于结果的分析可以得出，当加入羰基铁粉的时候，样品的抗压强度先有所提高而后下降。当掺量达到 40%的时候，强度出现了下降的趋势，但相对比空白组抗压强度还是提高，原因可能是掺入的羰基铁粉颗粒粒径较小，属于纳米级别，容易团聚，不易分散导致整体力学性能的下降。综合吸波性能与力学性能的变化趋势，选取 35%作为三组掺量中的最佳掺量。

第三节
样品厚度对吸波性能的影响

羰基铁粉的掺量为 35%，按照表 3.6 配合比进行制样。分别控制样品的厚度为 15mm、25mm、30mm 和 40mm，试样成型后脱模进行反射率测试，试样如图 6.5 所示，测试结果如图 6.6 所示。

图 6.5 不同厚度的试样

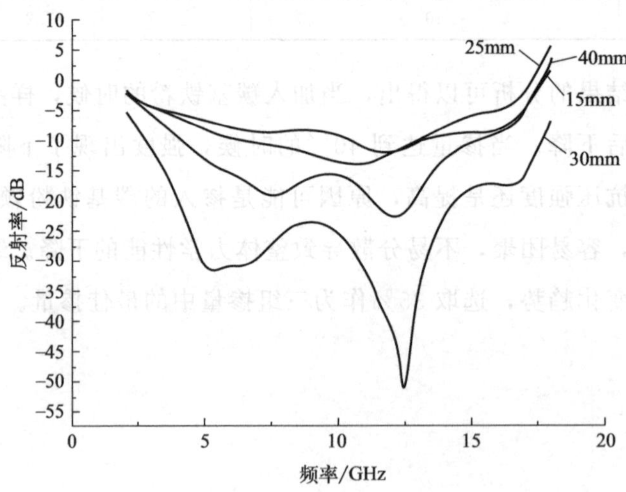

图 6.6 试样厚度与反射率的关系

可以从图 6.6 中看出，在 2～13GHz 这一频率范围内，随着制备样品的厚度不断增加，反射率数值大体上呈现出下降的趋势。在样品厚度为 15mm 的时候，它的反射率最小值是－11dB，反射率数值小于－8dB 的连续频率带宽可以达到 10GHz；当样品厚度为 30mm 的时候，它的反射率最小值是－50dB，整个测试频段的反射率数值大都低于－10dB。可以看出在 15～30mm 厚度区间，随着样品厚度不断增加，其吸波性能也是不断提高的。原因可能是随着试样厚度的增加，样品中各种材料的用量也会随之提高，使试样的复介电常数和复磁导率的匹配特性更加趋近于合理。但是随着厚度增加到 40mm 时，却出现了突变现象，厚度为 30mm 的试件反射率数值整体处于 40mm 厚度试件反射率曲线之下，说明在测试的四组不同厚度试件中，30mm 已经达到最佳厚度，反射率数值也为最小值，吸波效果最好，因此选取 30mm 作为最优厚度。

第四节
样品表面粗糙程度对吸波性能的影响

羰基铁粉掺量为35%，厚度为15mm，按照表3.6所确定的配合比，制备表面粗糙程度不同的两个样品，具体样品如图6.7所示，测得两个样品的反射率结果如图6.8所示。

(a) 粗糙　　(b) 光滑

图6.7　表面粗糙程度不同的样品图

通过对图6.8中结果进行分析可以得出，光滑平面的试样在整个测试带宽内，它的反射率在5～12.5GHz之间存在两个最小值，分别是－7.8dB和－8.4dB，并且反射率数值小于－5dB的频率带宽有13.465GHz；同样对粗糙表面的样品进行反射率测试，发现与光滑平面的试样一样也存在着两个最小反射率，并且两个最小反射率所对应的频率点位置没有发生变化。但是在高频段的反射率数值则显著减小，两个最小反射率分别是－8.61dB和－12.1dB，反射率数值小于－5dB的频率带宽有12.83GHz，两者频率带宽相差不大。但是在整个测试频段粗糙表面试样的反射率数值基本都小于光滑表面试样的反射率值。这说明试样表面是否光滑对于自身的吸波性能有着不可忽视的影响，将材料表面变得粗糙有助于提高材料自身的吸波性能。

当使用相同吸波材料制备混凝土材料时，材料表面的粗糙程度会对回波的

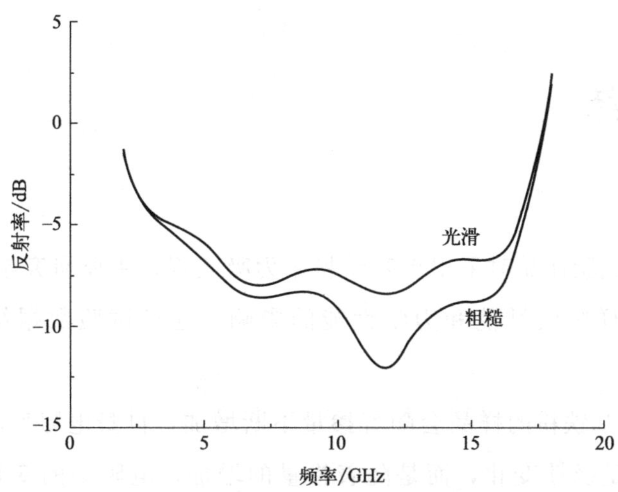

图 6.8　试样表面粗糙程度与反射率的关系

强弱产生一定影响。可以用电磁波的波长来确定材料表面的粗糙程度，当材料的粗糙度小于 1/8 电磁波的波长，则可以认为该材料表面光滑，试样会对入射波产生镜面反射而不降低回波的强度，使材料的反射率数值提高[1]。当材料度大于 1/8 电磁波的波长，可以将材料看作具有粗糙表面的材料，试样会对入射波产生漫反射而降低回波强度，从而使得自身反射率数值减小。根据计算图 6.7 中样品粗糙度大于 1/8 电磁波的波长，所以可以确定样品为粗糙表面，该试样会对入射的部分电磁波产生漫反射而致使发射的电磁波强度降低，使得自身反射率减小，相对应本身吸波性能就会提高。可以推想，如果能够继续增加材料表面粗糙程度，那么材料的吸波性能可能会有进一步的提高。

第五节
本章小结

本章制备试验样品时采用羰基铁粉作为吸波剂，主要研究羰基铁粉掺量、试样厚度对试样吸波性能和力学性能的影响。通过试验数据结果分析可以得出：

① 掺有羰基铁粉的样品会随着掺量不断增加，自身电阻率不断降低，但两者关系并不是线性变化，而是随着掺量的增加，电阻率的变化趋势将逐渐变缓。

② 综合吸波性能与力学性能等因素，掺入35%羰基铁粉作为最佳掺量，30mm作为最佳厚度。

③ 表面粗糙的样品与表面光滑的样品相比，吸波性能明显提高。

参考文献

[1] 熊国宣，叶越华，左跃，等．锰锌铁氧体水泥基复合材料吸波性能的研究［J］．建筑材料学报，2007（04）：469-472.

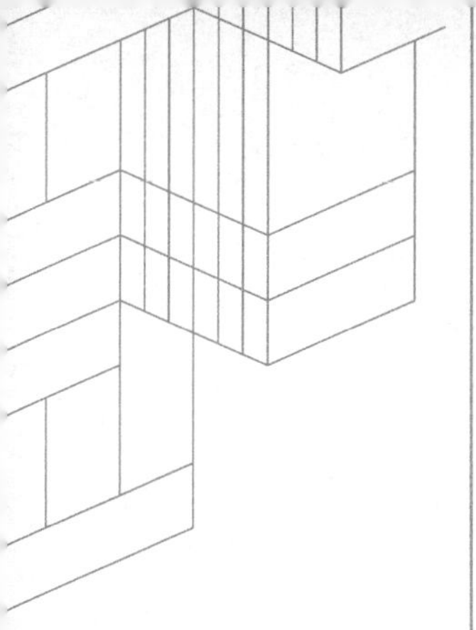

第七章

聚氨酯基泡沫吸波材料性能研究

第一节
吸收剂的形貌表征及电磁参数分析

一、炭黑的形貌表征及电磁参数分析

作为典型的电损耗吸波材料，炭黑（CB）具有质轻、来源广泛等突出优点。实验中选用纳米导电炭黑 Degussa Printex L6（以下简称 CBL6）和 Degussa Printex U（以下简称 CBU）作为备选炭黑吸收剂，其基本参数见表 7.1。

表 7.1　CBL6 和 CBU 的基本参数

项目	CBL6	CBU
邻苯二甲酸二丁酯吸附值/(mL/100g)	120	150
BET 比表面积/(m^2/g)	265	100
平均原生粒径/nm	18	25

结构性是衡量炭黑的重要指标之一，通常利用邻苯二甲酸二丁酯（dibutyl phthalate，DBP）吸附值对其进行划分，DBP 吸附值介于 90～120mL/100g 的称为中结构炭黑，小于和大于等于此范围的则分别称为低结构炭黑和高结构炭黑。CBL6 的 DBP 吸附值为 120mL/100g，是一种高结构炭黑，实验利用透射电镜对其形貌进行观察，结果如图 7.1 所示。从图 7.1(a) 中可以观察到单个 CBL6 炭黑粒子的形貌呈现近似球形。由于产品信息所给出的是服从正态分布的平均原生粒径，故在图中显示的炭黑粒径存在一定差异，但可以判定原生粒子的粒径处于纳米级别，正因如此，其表面积大、表面悬挂键多、表面势能大，故粒子并非孤立存在，各个粒子之间相互作用，并发生一定的团聚，这种现象在图 7.1(b) 中表现得更加清晰。也正是由于炭黑粒子处于纳米级别，相较于传统的吸收剂，在同等掺杂质量时，填充的吸收剂粒子数量增加，电磁波在吸波材料内传输时会发生多重的散射作用和反射作用，增强了对微波的吸收[1]。此外，依据 Kubo 理论[2-4]，直径处于 1～100nm 的粒子由于量子尺寸效应而引起的纳米粒子的电子能级分裂间隙刚好处于 2～18GHz 的微波能量范围

内，因此有利于对微波的吸收。

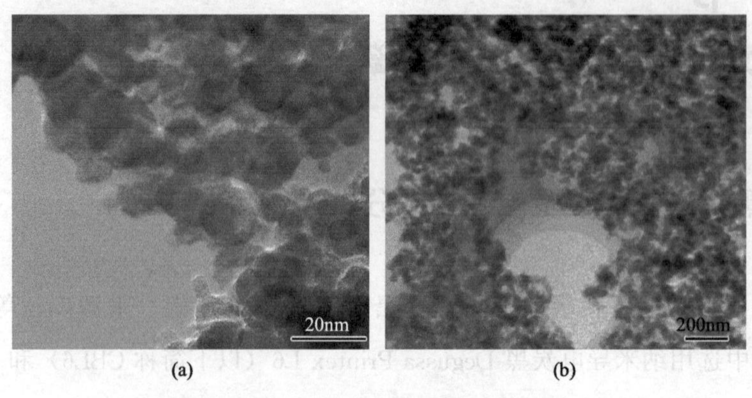

图 7.1　CBL6 的透射电镜照片

图 7.1(b) 中 CBL6 呈现出高结构炭黑所具有的典型“葡萄”粒状结构，并且可以观察到发生团聚的 CBL6 之间存在一定空隙，呈现多孔结构，这对于提高材料的吸波性能十分有益，因为这种结构可以使空间电荷产生极化作用，进而引发共振效应[3]，增加损耗。

实验制备了 CBL6 填充量为 5%（质量分数，下同）、10%、15%和 20%的石蜡基同轴样。由于炭黑属于典型的电损耗型吸波材料，其复磁导率为 1（实部 $\mu'=1$，虚部 $\mu''=0$），故在接下来的讨论中将仅对炭黑的复介电常数（实部 ε'和虚部 ε''）和介电损耗（介电损耗角正切 $\tan\delta_e=\varepsilon''/\varepsilon'$）进行测量和表征。四个 CBL6 试样的 ε'测试结果如图 7.2(a) 所示。当 CBL6 的填充量为 5%和 10%时，后者的 ε'较前者略有微小增加，但两者的 ε'均较小，在 5～10 之间小幅波动。当填充量上升至 15%和 20%时，两者在低频段出现了激增，且均随频率上升而下降，CBL6 添加量越高时其下降幅度越大，这种趋势在 2～5GHz 内尤为明显。

CBL6 的 ε''变化曲线如图 7.2(b) 所示。四个试样在测试频段呈现了 ε''随着同轴样中 CBL6 填充量降低而减小的规律，其中填充量为 10%和 5%的两个试样的 ε''在测试频段内维持在 3 以下，而填充量为 15%和 20%试样的 ε''则分别在 12～28 和 12～63 之间。四个试样的 ε''均随着频率升高而降低，这种趋势尤在 2～6GHz 范围内显著。复介电常数虚部的大小是材料对电磁波损耗的一种量度[5]，其数值越大表明对电磁波的损耗越大，故四个试样中填充量为20％的试样对电磁波的损耗最大。而综合图 7.2(a) 和 (b)，试样的复介电常数均在测试频段内呈现出数值随频率上升而下降的趋势，即频散特性，这对于拓宽吸波材料的吸收频带是十分有益的。

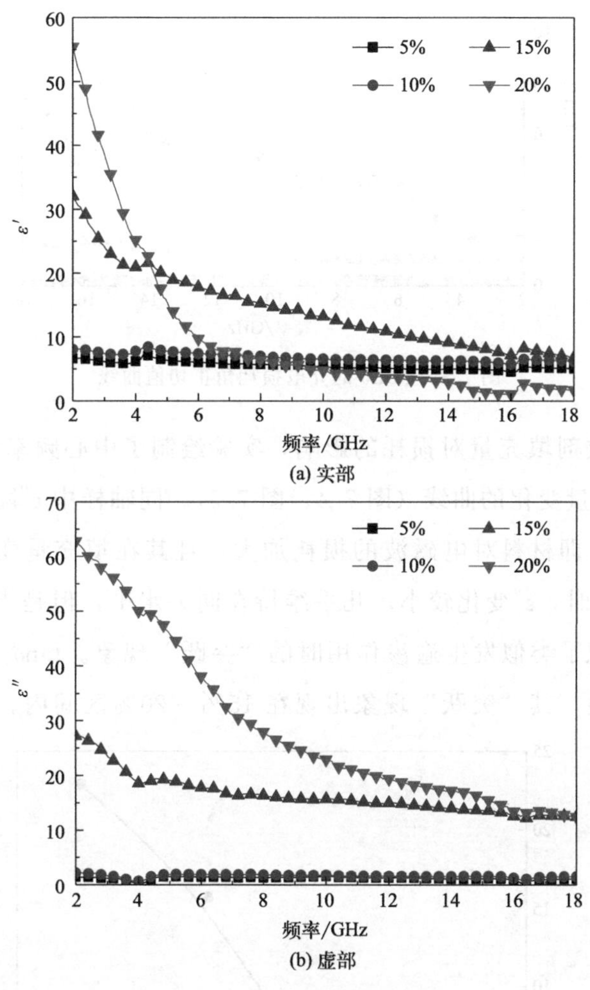

图 7.2　CBL6 的复介电常数

介电损耗角正切 $\tan\delta_e$ 是评价吸收剂吸波性能的重要参数，试样的 $\tan\delta_e$ 如图 7.3 所示。CBL6 填充量为 5％和 10％的两试样的介电损耗角正切值曲线几乎重合，数值随频率变化并不明显，15％、20％两试样的 $\tan\delta_e$ 随频率的增加而上升，且两者随着 CBL6 含量增加介电损耗角正切值上升的趋势更明显。

在 14～16GHz 范围内，添加量为 20％的 CBL6 试样的 $\tan\delta_e$ 出现了激增和峰值，说明其在此频段表现出较强的介电损耗特性。

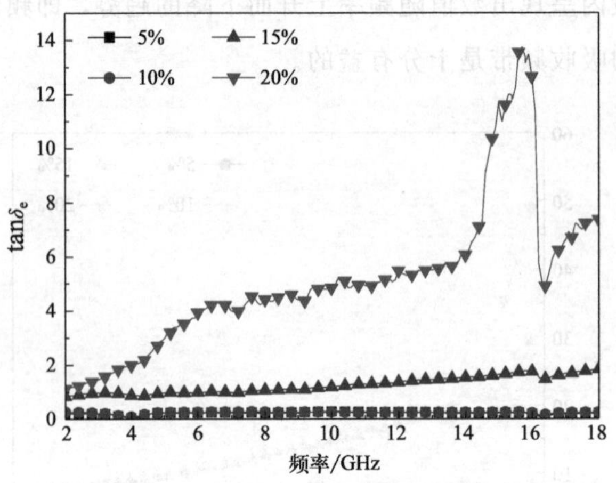

图 7.3　CBL6 的介电损耗角正切值曲线

为研究吸收剂填充量对损耗的影响，实验绘制了中心频率为 10GHz 处 ε″和 $\tan\delta_e$ 随填充量变化的曲线（图 7.4、图 7.5）。同轴样中 ε″随着吸收剂填充量增加而升高，即材料对电磁波的损耗加大，且其在填充量变化过程中，从 5％上升到 10％时，ε″变化较小，几乎维持在同一水平，但是当填充量增加到 15％时，其出现了类似发生逾渗作用时的“突跃”现象。$\tan\delta_e$ 随填充量变化的规律更加明显，其“突跃”现象出现在 15％～20％区间内。产生此种现象

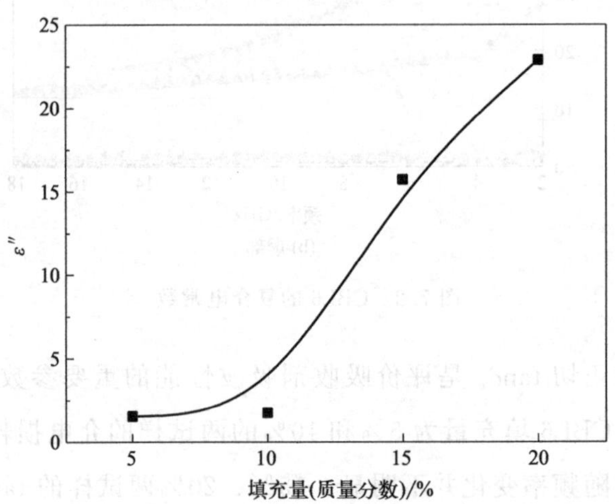

图 7.4　10GHz 处 ε″随 CBL6 填充量变化的曲线

的原因是当吸收剂的填充量较少时，CBL6 各个粒子之间的距离较远，在石蜡内部难以形成有效的导电网络，而当其填充量上升之后，炭黑粒子之间的距离会大幅度缩短，进而容易促使导电网络形成，增强了对电磁波的吸收作用。通过图 7.4 和图 7.5 可以发现，只有当吸收剂 CBL6 填充量较大时，其对电磁波的损耗才较大。

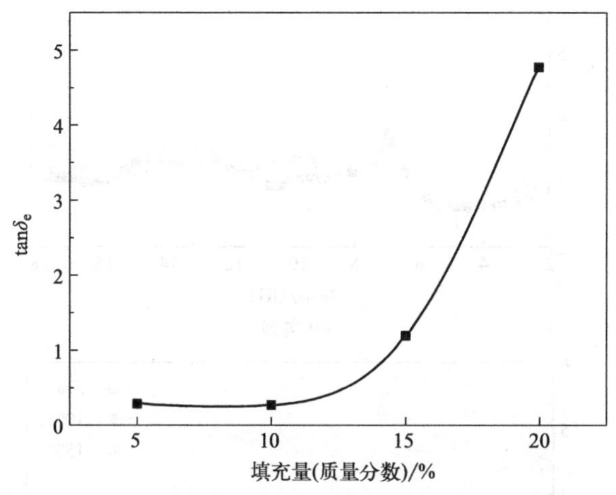

图 7.5　10GHz 处 $\tan\delta_e$ 随 CBL6 填充量变化的曲线

实验中制备了同为电损耗类型的 CBU 同轴样。由表 7.1 对比 CBU 和 CBL6 可以发现，CBU 的原生粒径较后者大，比表面积小，但 DBP 的吸附值高于后者，其结构性更高。在制备 CBU 同轴样时，填充量达到 20%时难以制备出满足测试要求的同轴样，故仅制备了 CBU 填充量为 5%、10%和 15%的三种同轴样，并对其复介电常数进行了测量，结果如图 7.6(a) 所示。制备的三个试样的复介电常数的实部随频率变化的程度并不显著。随着 CBU 填充量的增加，试样的 ε' 有一定提升，填充量为 5%和 10%时，两者相差并不明显，当填充量达到 15%时，增幅达到了 1 倍以上。

CBU 复介电常数的虚部如图 7.6(b) 所示。制备的三个试样 ε'' 皆随频率的升高而降低。随着 CBU 含量的增加，试样的 ε'' 上升，填充量为 5%和 10%的两试样 ε'' 差异并不大，在全波段内维持在同一水平内，但当填充量达到 15%时，试样的 ε'' 较 5%和 10%两者出现了数倍增幅，且在测试范围内总体呈现 ε'' 随频率上升而下降的频散特性。在评价吸收剂的主要参数中，复介电常数的虚部通常作为材料在外加电场作用下电偶极矩重排引起损耗的量度，所以三者中填充量为15%的CBU在外加电场作用下所引起的损耗会更大。

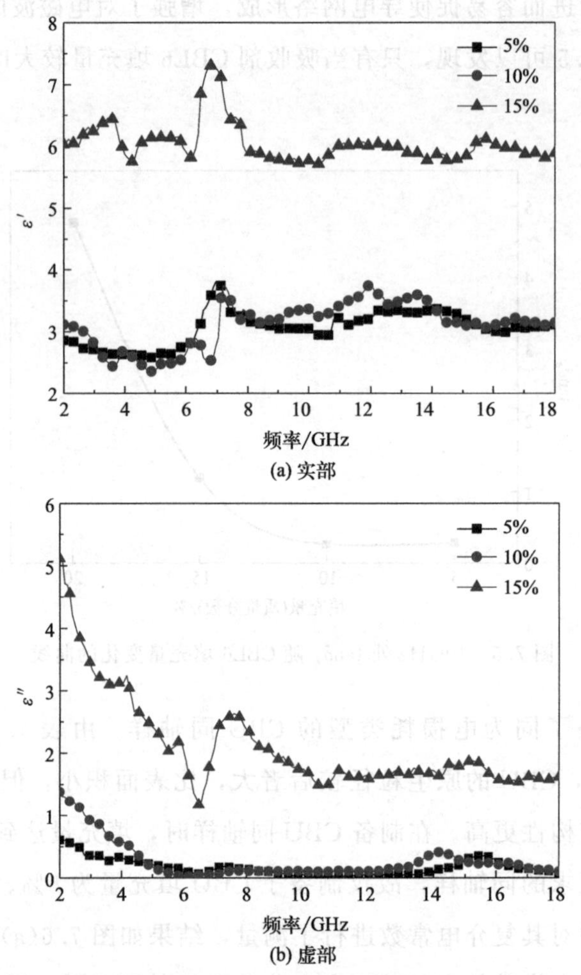

图 7.6　CBU 的复介电常数

填充量为5%、10%、15%的CBU同轴样的 $\tan\delta_e$ 如图7.7所示。从图7.7中可以明显观察到试样在低频段2～4GHz范围内 $\tan\delta_e$ 较大，且在2～6GHz范围内随着频率的增加而降低，而后呈现小幅波动态势，说明其在低频段的介电损耗较大，这与CBL6呈现出截然不同的损耗特性。三个试样中，填充量为15%的CBU在2～18GHz内 $\tan\delta_e$ 均较5%和10%大。说明试样填充量的增加会增大对电磁波的损耗。

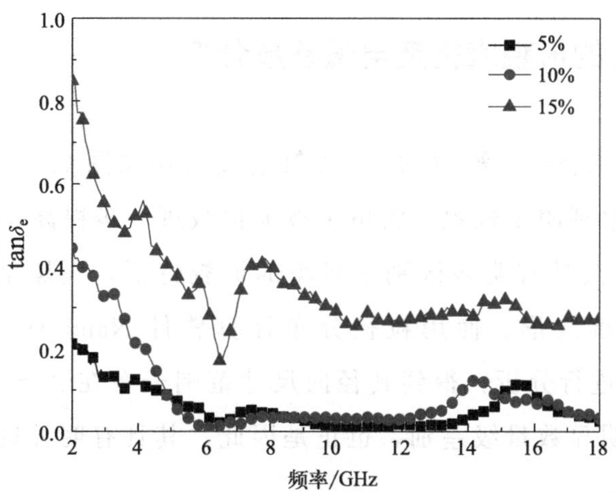

图 7.7 CBU 的介电损耗角正切值曲线

为较为直观地对比 CBL6 和 CBU 的介电损耗特性，将两者的介电损耗角正切值绘于同一频段内，如图 7.8 所示。同等填充量下，CBL6 的损耗值均较 CBU 大。考虑到后续实验中将利用聚氨酯的泡孔结构来调节阻抗匹配，而根据材料的复合效应，孔隙的出现会使得材料的电磁参数减小，故在后续的实验中选取 CBL6 作为吸收剂进行吸波材料的制备。

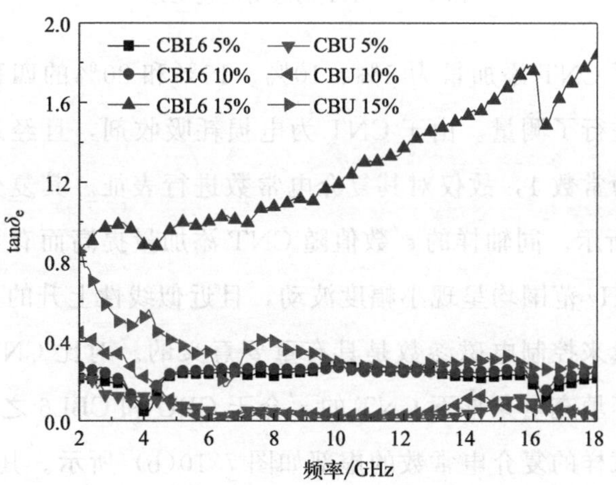

图 7.8 CBL6 和 CBU 介电损耗角正切值对比图

二、碳纳米管的形貌表征及电磁参数分析

实验选用的碳纳米管（CNT）透射电镜图片如图 7.9 所示，从图 7.9 中可以明显观察到团聚现象。将电镜放大倍数进一步提高，CNT 形貌如图 7.9(b) 所示。其具有明显区别于炭黑的形貌特征，炭黑呈现球状，而碳纳米管则为一维线形。使用粒径分布计算软件 Nano Measurer 1.2.5 对 CNT 径向大小进行分析，得到其径向尺寸范围分布在 20～50nm，径向与轴向大小存在明显数量级差别，也正是因此，其具有明显区别于其他碳材料的电磁特性。

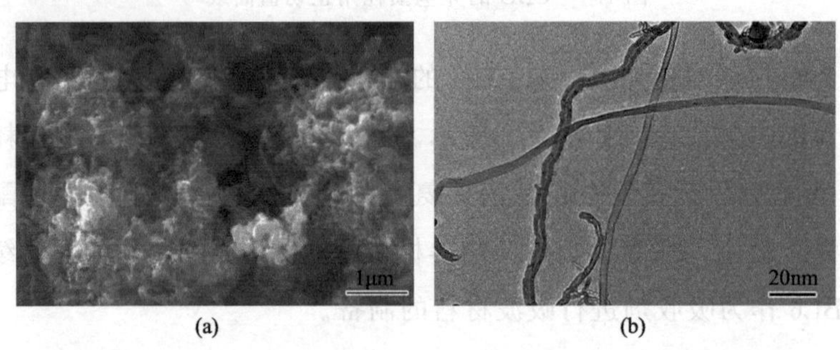

图 7.9　CNT 的透射电镜图片

实验制备了 CNT 添加量为 5%、10%、15%和 20%的四种同轴试样，并对其电磁参数进行了测量。由于 CNT 为电损耗吸收剂，且经过酸化处理，其复磁导率几乎为常数 1，故仅对其复介电常数进行表征。其复介电常数的实部如图 7.10(a) 所示。同轴样的 ε'数值随 CNT 添加量提高而有显著提升，四个试样在 2～18GHz 范围均呈现小幅度波动，且近似线性上升的关系，这种性质对于利用填充量来控制电磁参数是具有重要意义的。对比 CNT 和 CB 的 ε'数值可以发现同等填充量条件下 CNT 的 ε'介于 CBU 和 CBL6 之间。

四个同轴试样的复介电常数的虚部如图 7.10(b) 所示。其中 CNT 添加量为 20%的同轴样的 ε''数值较其余三者有明显增幅，且在 8～18GHz 范围内该试样的复介电常数的虚部随频率升高而显著降低，在测试频段内出现了频散现象。其余三者在 2～18GHz 全频段内几乎保持在一定值域内波动。

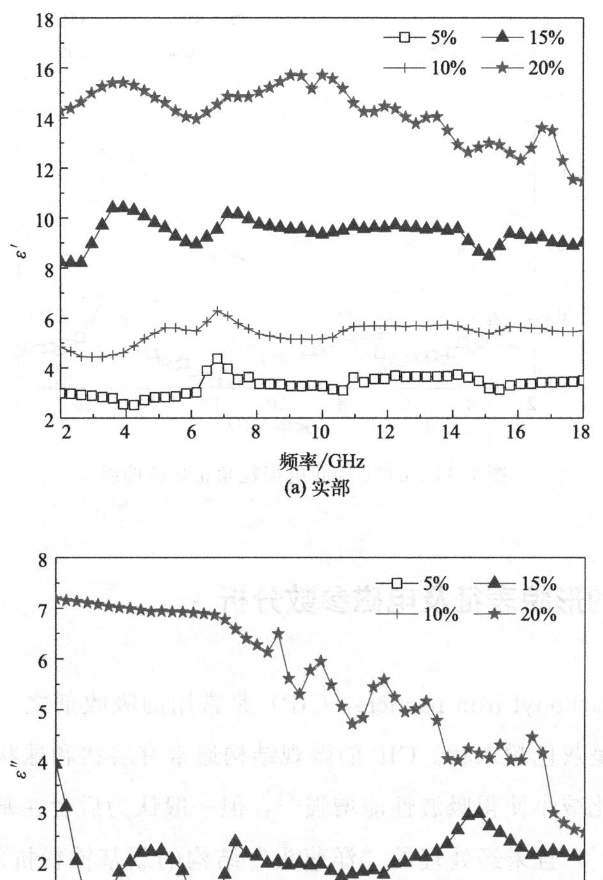

图 7.10　CNT 的复介电常数

四个试样的介电损耗角正切如图 7.11 所示。从中可以明显观察到 CNT 添加量为 20%的同轴样的介电损耗角正切最大，且随着频率增加而波动下降。其余三个试样的总体波动形式相类似，呈现出介电损耗随吸收剂填充量上升而略微增加的趋势。

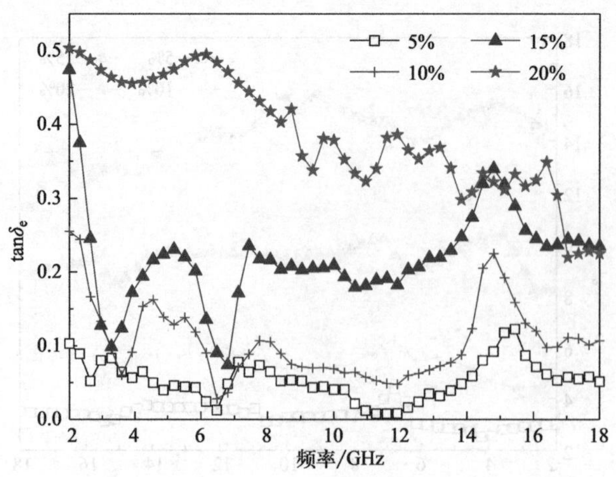

图 7.11 CNT 的介电损耗角正切值曲线

三、羰基铁的形貌表征及电磁参数分析

羰基铁（carbonyl iron particle，CIP）是常用的吸收剂之一，属于典型的磁损耗材料，呈灰色粉末状。CIP 的微观结构通常有层状和球状两种，虽然前者由于空间极化减小使得吸波性能增强[6]，但一般认为后者在基体中具有更加良好的分散性[7]，且未经处理的“洋葱头”结构的羰基铁粉抗氧化能力最强，经化学或机械处理会破坏原有结构，从而导致其抗氧化能力下降[8]，故实验选用未经处理的球状羰基铁进行后续实验。

CIP 的电镜图像如图 7.12 所示。从图 7.12 中可以观察到 CIP 具有明显的“洋葱头”结构。采用 Nano Measurer 1.2.5 软件对 CIP 的粒径分布进行分析，随机选取十个样点测得的粒径结果如图 7.13 所示，其平均粒径在 4～5μm 之间。CIP 这种独特的类似“洋葱头”的“大头—小头”结构可以用来阻止磁畴边界的不可逆移动，涡流无法沿着一者的切线方向传递到另一者的表层上[9]。

实验制备了填充量（掺杂量）为 30%、60% 和 90% 的三种 CIP 同轴样，电磁参数测量结果如图 7.14 所示。三者的复介电常数的实部在 2～18GHz 频段内波动较小，数值随着 CIP 在同轴样中含量的上升而增大，分别在 3、5 和 22 上下浮动。Shen 和刘立东等[3,10] 将此现象产生的原因解释为 CIP 的介电偶

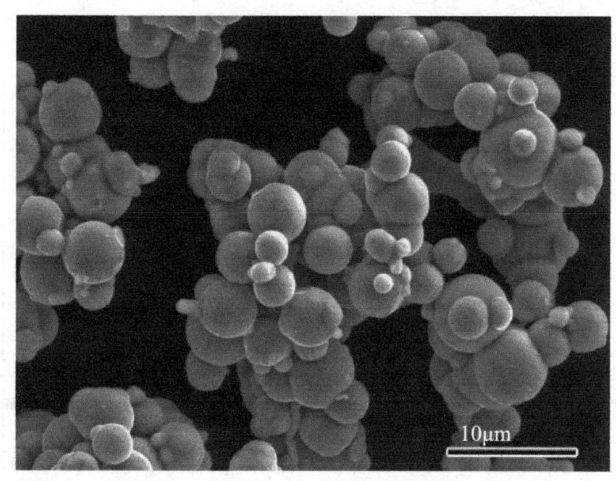

图 7.12　CIP 的电镜图像

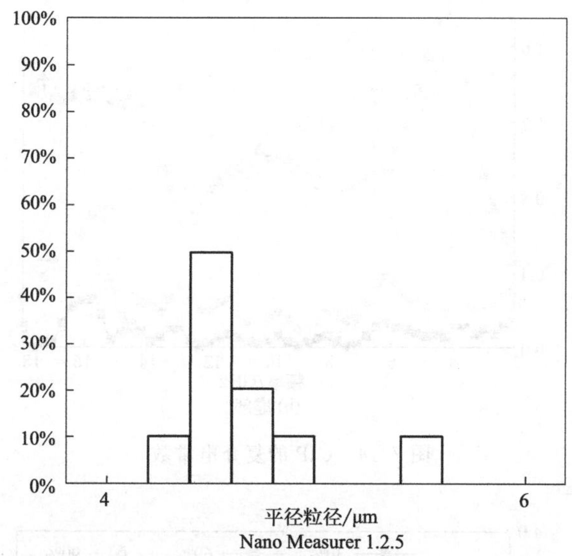

图 7.13　CIP 的粒径分布图

极子共振与电磁波电场矢量振荡相位的一致性。三者的复介电常数的虚部较小，同样呈现出 ε″数值随掺杂量的上升而增大的现象。

3 个 CIP 同轴样的复磁导率实部在 2～18GHz 范围内均随频率的上升而降低，且这种频散现象随着 CIP 掺杂量的上升愈加明显。对于产生频散现象的原因可以解释为磁场交变的时间小于 CIP 的弛豫时间，从而引起了 CIP 的磁后效应导致频散现象的发生[11,12]。如图 7.15 所示，试样的复磁导率的虚部数值同样随 CIP 掺杂量的上升而提高。

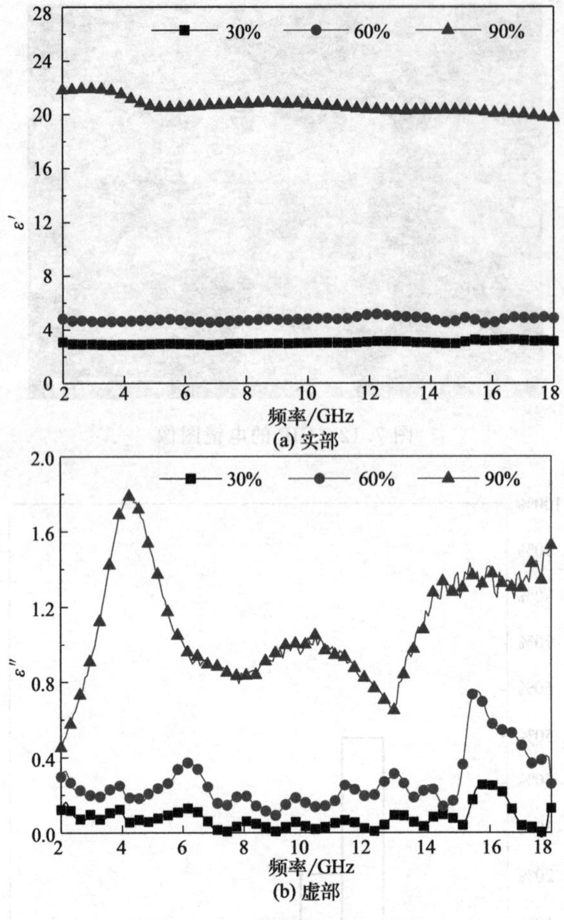

(a) 实部

(b) 虚部

图 7.14　CIP 的复介电常数

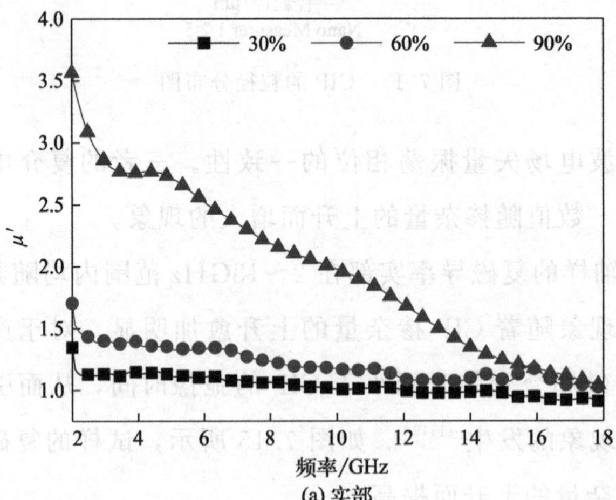

(a) 实部

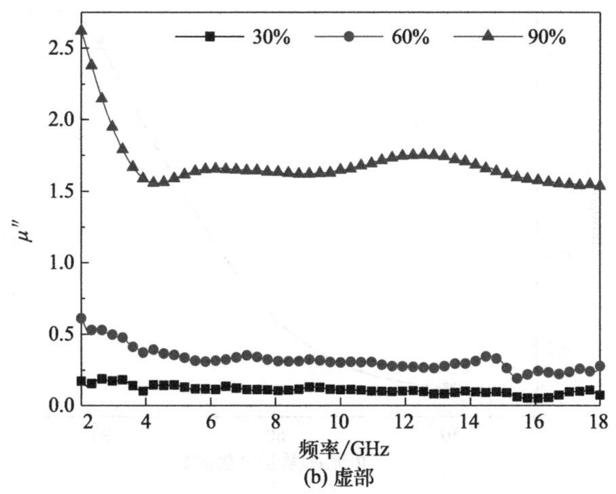

图 7.15　CIP 的复磁导率

实验对中心频率 10GHz 处 μ''和磁损耗角正切 $\tan\delta_m$ 随填充量的变化规律进行了研究。由图 7.16、图 7.17 可以发现随着填充量的增加，μ''和 $\tan\delta_m$ 均增大，且其在填充量超过 60%时出现了类似逾渗现象的“突跃”。出现这种现象的原因是吸收剂填充量较低时，吸收剂粒子间的距离较远，而随着填充量的增加，粒子间距缩短，增加了损耗。

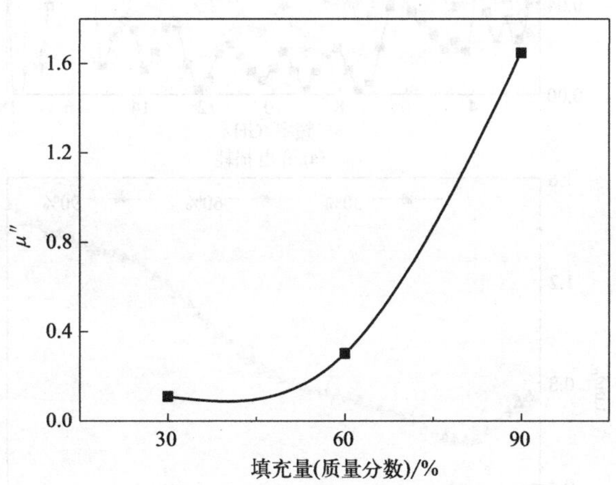

图 7.16　10GHz 处 μ''随 CIP 填充量变化的曲线

CIP 同轴样的介电损耗角正切和磁损耗角正切如图 7.18 所示。从图 7.18 中可以看出，CIP 的 $\tan\delta_e$ 较低，均不足 0.2，而 $\tan\delta_m$ 则维持在 0.1～1.5 内，且总体上呈现 $\tan\delta_m$ 随着频率的增加而上升的趋势。CIP 的磁损耗角正切值明

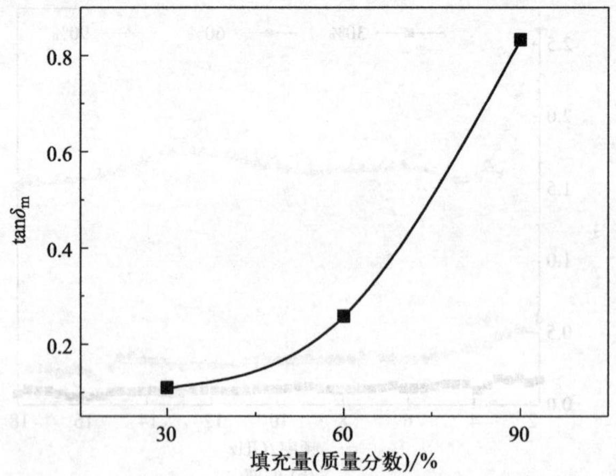

图 7.17　10GHz 处 $\tan\delta_m$ 随 CIP 填充量变化的曲线

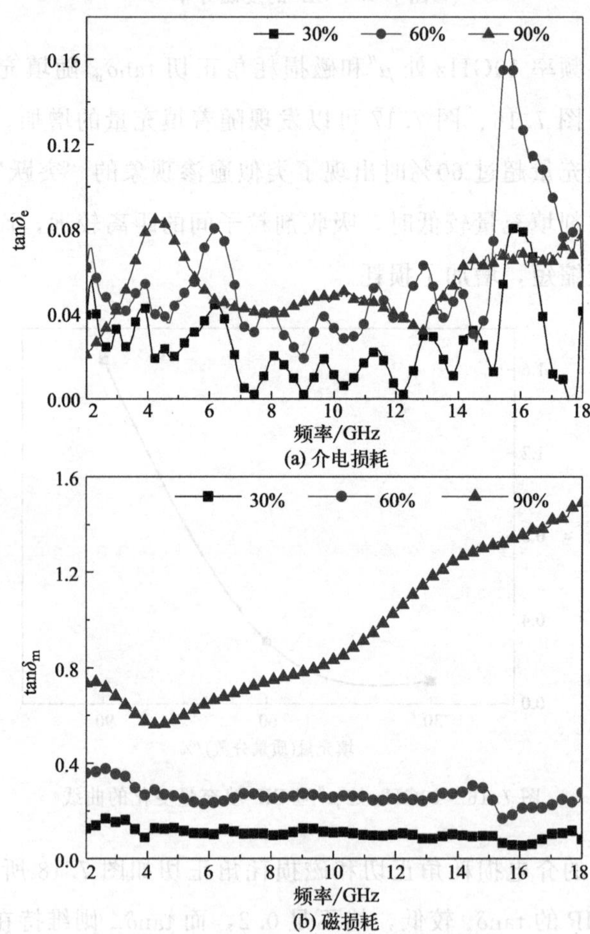

图 7.18　CIP 的损耗角正切值

显大于介电损耗角正切值，证明其为典型的磁损耗吸波材料。

根据电磁波传输理论，材料的衰减常数 α 可通过式（6.1）计算[13]：

$$\alpha = \sqrt{2}\pi f \sqrt{(\mu''\varepsilon'' - \mu'\varepsilon') + \sqrt{(\mu''\varepsilon'' - \mu'\varepsilon')^2 + (\mu''\varepsilon' - \mu'\varepsilon'')^2}} / c \quad (6.1)$$

式中　f——电磁波频率，反映电磁波振荡的快慢；

c——真空中的光速，是电磁波在真空中的传播速度。

由此可得到 CIP 的衰减常数值，结果如图 7.19 所示。CIP 衰减常数一方面随着同轴样中 CIP 掺杂量的上升而增大，另一方面随着频率的上升而逐步增加。当同轴样的 CIP 掺杂量为 90%时，随着频率上升，衰减常数几乎呈线性形式增长。

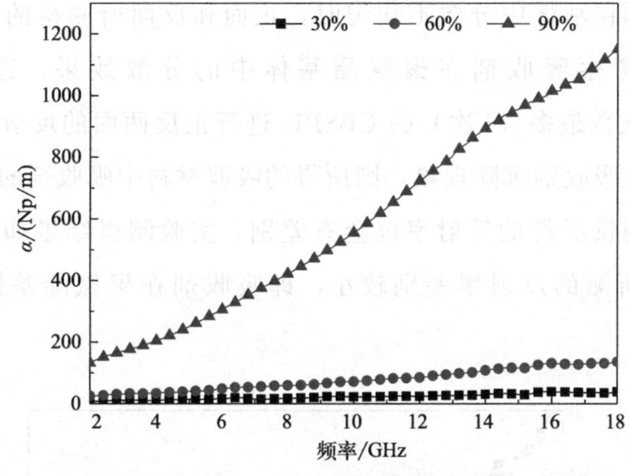

图 7.19　CIP 的衰减常数曲线

1Np=8.686dB

第二节 聚氨酯基炭黑泡沫吸波材料的吸波性能

一、聚氨酯基炭黑泡沫吸波材料均匀性实验

为了研究聚氨酯基炭黑泡沫吸波材料（CBSPU）的均匀性，实验制备了厚度为2、4、6mm，浸渍次数为1、2、4次的CBSPU。赵宏杰等[14-19] 的研究已经证实了吸收剂在基体中的分散状态对于吸波材料的吸波性能有着重要影响。当吸收剂在基体中分散不均匀时，正面和反面所测得的反射率是不同的。为进一步考察吸收剂在聚氨酯基体中的分散效果，选用厚度最大（6mm）、浸渍次数最多（4次）的CBSPU进行正反两面的反射率测试。如果所用的胶液存在吸收剂沉降现象，则所得的吸波材料中吸收剂的分布便会呈现非均匀状态，测量所得的反射率也会有差别。实验测得结果如图7.20所示，可见正反两面所测的反射率差别较小，即吸收剂在聚氨酯基体中分散较为均匀。

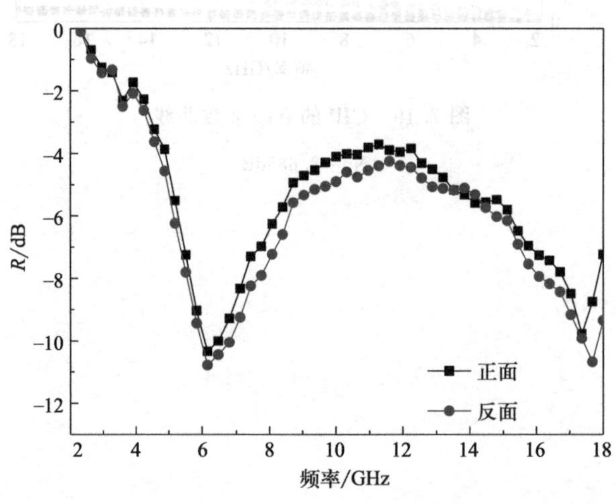

图7.20　6mm厚度、4次浸渍CBSPU正反两面的反射率

实验同时制备了厚度为3mm的两片CBSPU，并将其贴合制得厚度为

6(3+3)mm 的 CBSPU。其正反两面所测反射率结果如图 7.21 所示。可见其两次所测反射率差别更小，即吸收剂在其中的分散性也更佳。

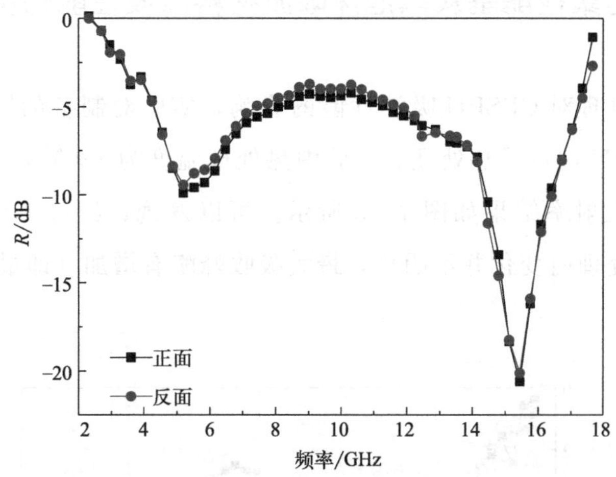

图 7.21　(3+3)mm 厚度、4 次浸渍 CBSPU 正反两面的反射率

实验对 (3+3)mm 贴合与 6mm 两样品的吸波性能进行了对比，结果如图 7.22 所示。可见使用两片 3mm CBSPU 贴合所得的 6mm CBSPU 较单纯 6mm CBSPU 的吸波性能更佳，其分别在高频段和低频段出现了双峰吸收，最小反射率分别达到了 −21dB 和 −10dB。产生这一现象的原因是前者在制备的过程中由于单个 CBSPU 的厚度较薄，浸渍时吸收剂在基体中的分散会更加均匀，且同等厚度时前者的重量大于后者，即前者的上胶量会更多，吸收剂含量更

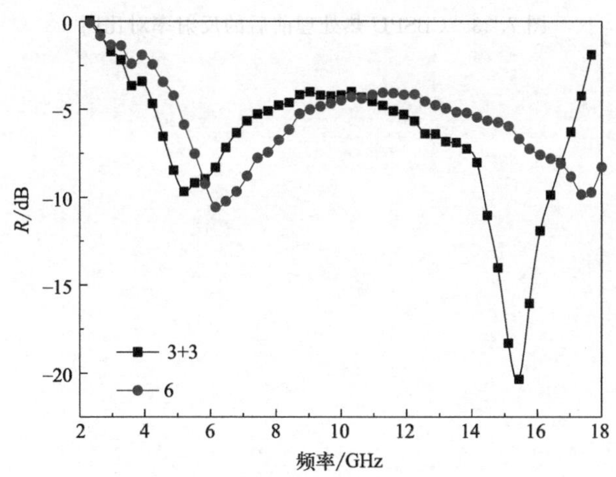

图 7.22　4 次浸渍的 6mm、(3+3)mm CBSPU 的反射率对比图

高，电磁参数增加，损耗增加，故而出现了上述现象。

二、热处理对聚氨酯基炭黑泡沫吸波材料吸波性能的影响

为考察热处理对CBSPU吸波性能的影响，实验对制备的厚度为6mm浸渍4次的CBSPU进行了热处理。实验中热处理温度为120℃，时间为90min。热处理前后的反射率结果如图7.23所示。可以发现，经过热处理的CBSPU的吸波性能较处理前变化并不明显，最大吸收峰略有增加（即最小反射率略有减小）。

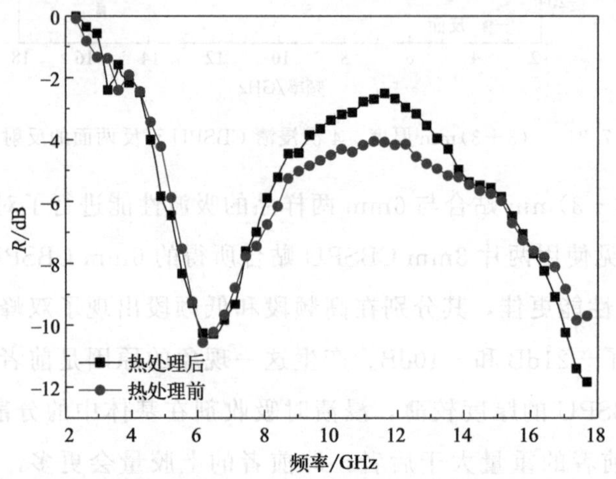

图7.23　CBSPU热处理前后的反射率对比图

第三节 聚氨酯基碳纳米管泡沫吸波材料的吸波性能

一、聚氨酯基碳纳米管泡沫吸波材料均匀性实验

实验首先对厚度为6mm、浸渍4次的聚氨酯碳纳米管泡沫吸波材料（CNTSPU）的正反两面的反射率进行了测试。实验结果如图7.24所示。可见CNTSPU正反两面的反射率测试结果相近，即吸收剂在CNTSPU基体中分布较为均匀，基本达到了实验的预期目的。

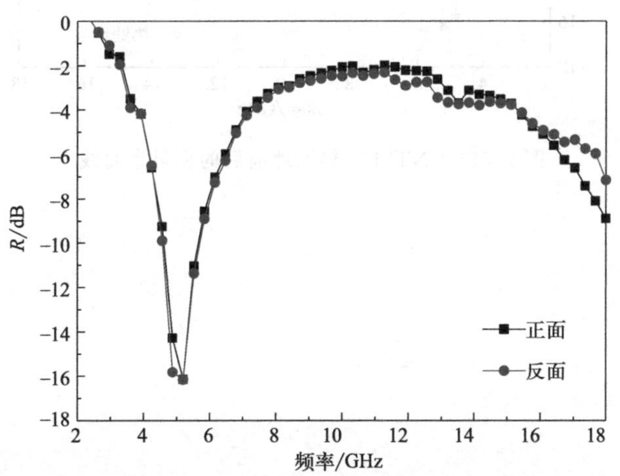

图7.24 浸渍4次后6mm CNTSPU正反两面的反射率曲线

二、热处理对聚氨酯基碳纳米管泡沫吸波材料吸波性能的影响

实验考察了热处理对CNTSPU吸波性能的影响。热处理温度为120℃，时长为90min。热处理前后的反射率曲线如图7.25所示。对比两条曲线可以发现，较未处理样品而言，经过热处理的CNTSPU的最小反射率略有增大，最小反射率处的吸收宽度几乎相同。仅在14～18GHz的高频段范围内，经过

热处理的CNTSPU的反射率较未处理样品的反射率有较为明显的下降。可见，热处理对CNTSPU样品吸波性能的影响并不显著，如在处理过程中（0~90min）其反射率无明显改变，这一特性则对于制备高性能的吸波材料有着重要的意义。

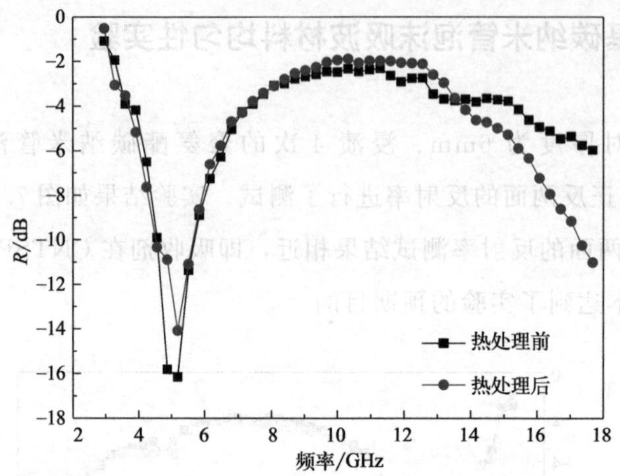

图 7.25　CNTSPU热处理前后的反射率曲线

第四节
聚氨酯基羰基铁泡沫吸波材料的吸波性能

一、聚氨酯基羰基铁泡沫吸波材料均匀性研究

对聚氨酯基羰基铁泡沫吸波材料（CIPSPU）性能的考察同样从其吸收剂在基体中分散的均匀性开始。厚度为 4mm、浸渍次数为 3 次的 CIPSPU 正反两面的反射率对比曲线如图 7.26 所示。正反两面的测试曲线几乎重合，即证明吸收剂在 CIPSPU 基体中分散较好。

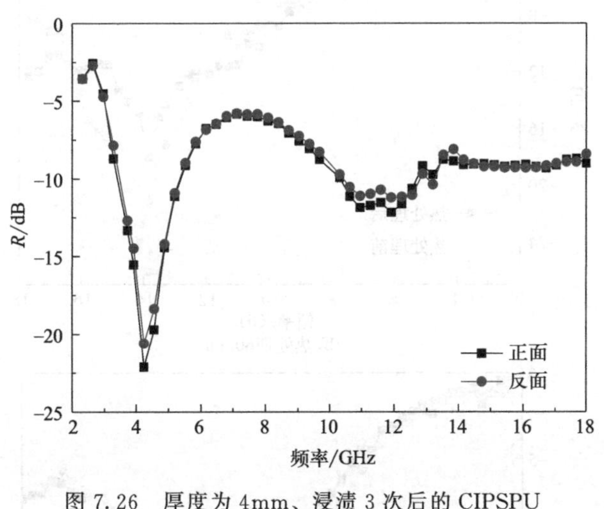

图 7.26　厚度为 4mm、浸渍 3 次后的 CIPSPU 正反两面的反射率对比曲线

二、热处理对聚氨酯基羰基铁泡沫吸波材料吸波性能的影响

为考察热处理对 CIPSPU 吸波性能的影响，利用所制备的厚度为 3mm 的 CIPSPU 在 120℃条件下热处理了 30min、60min 和 90min，结果如图 7.27 所示。总体上，三个样品的热老化试验结果较为理想。经过热处理的 CIPSPU 吸

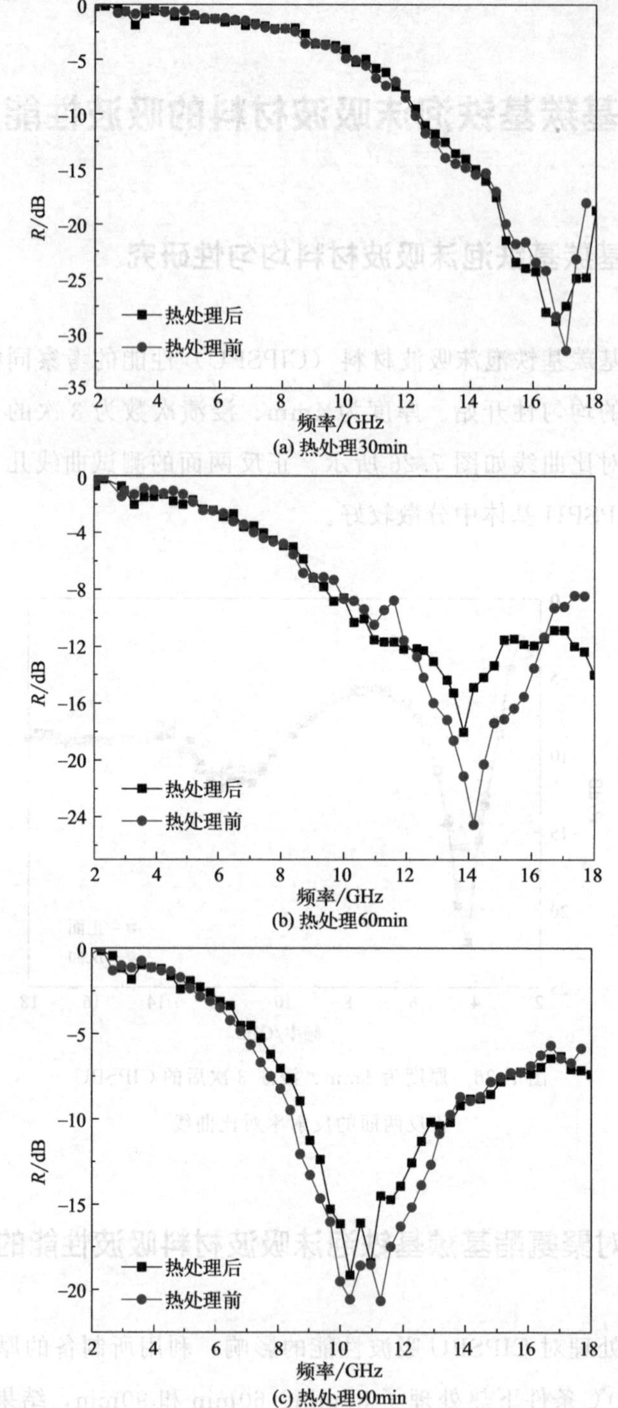

图 7.27　浸渍 2 次、厚 3mm 的 CIPSPU 热处理前后的反射率曲线

波性能在测试条件下并未出现显著的改变，三个热处理后的样品较未处理前吸波性能略有降低，产生这一现象的原因是作为吸收剂的 CIP 在经过热处理后存在一定的氧化现象。

第五节 本章小结

本章制备了三种不同吸收剂的聚氨酯基泡沫吸波材料，即 CBSPU、CNTSPU 及 CIPSPU，研究了吸收剂用量、浸渍次数、试样厚度等对材料吸波性能的影响。得到以下结论：

① 炭黑（CBL6、CBU）的复介电常数数值及介电损耗均随同轴样中吸收剂填充量的增加而上升，且这种上升趋势随着填充量上升而显著提高。CBL6 具有良好的频散效应，有利于拓宽吸收频带，其在含量为 15%时复介电常数的虚部出现“突跃”，说明其具有良好的吸波性能，且其复介电常数和介电损耗均较 CBU 大。考虑到泡沫结构会使吸收材料的电磁参数降低，故建议选用 CBL6 作为吸收剂。

② 碳纳米管的复介电常数及介电损耗数值随着同轴样中 CNT 填充量的增加而上升，且复介电常数的虚部近似呈现出随填充量上升而线性增长的趋势，有利于通过控制填充量来调节介电参数。CNT 填充量为 20%时的同轴样具有频散效应，且其在低频段内的介电损耗较为突出。

③ 羰基铁的介电损耗较小，而磁损耗较大，是一种典型的磁损耗材料。同轴样的复介电常数、复磁导率及衰减常数均随着吸收剂填充量的增加而上升。CIP 填充量为 90%的同轴样复磁导率的虚部出现了“突跃”现象，说明其具有良好的吸波性能。

④ CBSPU 吸波材料在厚度为 6mm、浸渍次数为 4 次时取得了最佳的吸波效果，在高频段和低频段分别出现了最小反射率，并达到了－11dB 和－10dB，且反射率小于－4dB 的带宽涵盖了测试的大部分频段（4.8～18GHz）。CBSPU 的吸波性能均随着浸渍次数和试样厚度的增加而增强，峰位向低频方向移动。热处理对其吸波性能的影响甚微。

⑤ 厚度为 6mm、浸渍次数为 4 次的 CNTSPU 样品的最小反射率达到了－16dB。CNTSPU 的吸波性能变化规律较强，其均随着浸渍次数和试样厚度

的增加而增强，峰位向低频方向移动。经过热处理的样品吸波性能变化较小。

⑥ CIPSPU 的吸波性能随着试样厚度的增加而增强，随着胶液配方中 CIP 含量的上升而降低，但均向低频方向移动。阻抗匹配程度的改变是产生上述现象的原因。厚度为 4mm 的 CIPSPU 的最小反射率达到了－22.4dB（5.2GHz），反射率小于－6dB 的带宽覆盖 3～18GHz 波段。厚度为 3mm、浸渍次数仅为 2 次的 CIPSPU 的最小反射率达到了－30dB。由于热处理后吸收剂 CIP 存在一定的氧化现象，故其吸波性能较未加热前略有降低。

参考文献

[1] 薛鹏飞．改性炭黑/聚合物高折射复合材料的制备与性能研究［D］．上海：华东理工大学，2011.

[2] 刘立东．铁磁性吸波材料的制备及其电磁性能研究［D］．大连：大连理工大学，2011.

[3] Tang X，Tian Q，Zhao B Y，et al. The microwave electromagnetic and absorption properties of some porous iron powders [J]. Materials science and engineering A，2007，445：135-140.

[4] 吕潇．不同形态碳吸波剂结构吸波复合材料研究［D］．上海：东华大学，2009.

[5] 肖华亭，许昌清，雷有华，等．电磁兼容原理［M］．北京：电子工业出版社，1985.

[6] Wen F S，Zuo W L，Yi H B，et al. Microwave-absorbing properties of shape-optimized carbonyl iron particles with maximum microwave permeability [J]. Physics B：Condensed Matter，2009，404 (20)：3567-3570.

[7] Liu L D，Duan Y P，Ma L X，et al. Microwave absorption properties of a wave-absorbing coating employing carbonyl-iron powder and carbon black [J]. Applied Surface Science，2010，257 (3)：842-846.

[8] Abshinova M A，Lopatin A V，Kazantseva N E，et al. Correlation between the microstructure and the electromagnetic properties of carbonyl iron filled polymer composites [J]. Compos Part A，2007，389 (12)：2471.

[9] 王炳银．影响羰基铁粉电磁性能的几个因素［J］．粉末冶金技术．1996，14 (2)：145-149.

[10] Shen G Z，Xu M，Xu Z. Double-layer microwave absorber based on ferrite and short carbon fiber composites [J]. Materials Chemistry and Physics，2007，105 (2/3)：268-272.

[11] 代礼智．金属磁性材料［M］．上海：上海人民出版社，1973.

[12] 李淑环，刘欣然，朱然，等．偶联剂 A151 对锶铁氧体甲基乙烯基硅橡胶吸波复合材料性能的影响［J］．橡胶科技市场，2012，8：10-14.

[13] 刘渊，刘祥萱，陈鑫，等．碳纤维表面 α-Fe 的 MOCVD 生长制备及吸波性能研究［J］．无机材料学报，2013，28 (12)：1328-1332.

[14] 刘顺华，刘军民，董兴龙，等．电磁波屏蔽及吸波材料 [M]. 北京：化学工业出版社，2007：207.

[15] 吴红焕．短切碳纤维和炭黑的介电性能研究 [D]. 西安：西北工业大学，2007.

[16] 李娟．泡沫夹芯结构复合材料的吸波性能研究 [D]. 武汉：武汉理工大学，2010.

[17] 黄小忠，黎炎图，余维敏，等．短切磁性碳纤维泡沫复合材料吸波性能研究 [J]. 磁性材料及器件，2010，41 (5)：15-18，26.

[18] 吴广利．聚氨酯基复合吸波涂层的设计及性能研究 [D]. 大连：大连理工大学，2012.

[19] 赵宏杰，李勃，周济，等．导电短纤维分散性对其吸波性能的影响 [J]. 功能材料，2012，23 (43)：3190-3093.